Führung und Organisation in Familienunternehmen

Rudolf Wimmer

Führung und Organisation in Familienunternehmen

Aufbruch zu zukunftsfähigen Unternehmensstrukturen

1. Auflage

Schäffer-Poeschel Verlag Stuttgart

Systemisches Management

Bibliografische Information der Deutschen Nationalbibliothek

Die Deutsche Nationalbibliothek verzeichnet diese Publikation in der Deutschen Nationalbibliografie; detaillierte bibliografische Daten sind im Internet über http://dnb.dnb.de/ abrufbar.

Print: ISBN 978-3-7910-5368-4 Bestell-Nr. 10805-0001
ePub: ISBN 978-3-7910-5369-1 Bestell-Nr. 10805-0100
ePDF: ISBN 978-3-7910-5370-7 Bestell-Nr. 10805-0150

Rudolf Wimmer
Führung und Organisation in Familienunternehmen
1. Auflage, März 2022

www.schaeffer-poeschel.de
service@schaeffer-poeschel.de

Produktmanagement: Dr. Frank Baumgärtner

Schäffer-Poeschel Verlag Stuttgart
Ein Unternehmen der Haufe Group SE

Inhaltsverzeichnis

1 Zur Relevanz dieses Themas: Die klassische Governance von familiengeführten Unternehmen und ihre Grenzen

Das Thema Führung (heute spricht man lieber von Leadership) besitzt aktuell gerade wieder Hochkonjunktur. Es schiebt sich in der gesellschaftlichen Aufmerksamkeit in periodischen Abständen immer wieder ganz nach vorne. Dies ist regelmäßig dann der Fall, wenn einschneidende Veränderungen allgemein geteilte Orientierungen und stabile Zukunftsgewissheiten radikal wegbrechen lassen und damit massive Verunsicherungen im Leben der Menschen und ihrer Organisationen erzeugen.

Aktuell sind es die weitverzweigten Begleiterscheinungen der digitalen Transformation, die in allen gesellschaftlichen Bereichen einen Wandel angestoßen haben, der in seinem Ausmaß oft mit den revolutionären Umbrüchen der bisherigen Industrialisierungsgeschichte verglichen wird. In den Unternehmen ist der damit verbundene Veränderungsbedarf inzwischen weitestgehend angekommen. Die Arbeit an den weitreichenden Implikationen der Digitalisierung für die Prozesse in der gesamten Wertschöpfungskette, für die Optimierung der internen Dienstleistungsbereiche, letztlich für weitreichende Geschäftsmodellinnovationen ist an vielen Stellen mit Energie aufgenommen worden.

Ähnlich dringlich ist in jüngster Zeit der gesellschaftliche Handlungsbedarf mit Blick auf die Bewältigung der unübersehbar gewordenen Folgen des Klimawandels ins öffentliche Bewusstsein getreten. Immer häufiger auftretende Extremwetterlagen mit ihren katastrophalen Folgen (ungewöhnliche Trockenheit und Waldbrände auf der einen und bislang unvorstellbare Überschwemmungen auf der anderen Seite) zwingen die Politik, aber auch die verantwortlichen Akteure in Wirtschaft und Gesellschaft erstmals ernsthaft zum Handeln. Der Ausstieg aus den fossilen Energieträgern ist wohl unumkehrbar auf den Weg gebracht. Der Umbau des wirtschaftlichen Geschehens in Richtung CO_2-Neutralität rückt ins Zentrum der unternehmerischen Verantwortung. Der Gedanke einer »circular economy« gewinnt strategisch mehr und mehr an Kraft. So entstehen zurzeit ganz neue Rahmenbedingungen für unternehmerisches Handeln, die neben der Automobilindustrie auch alle anderen Branchen vor bislang nicht gekannte Herausforderungen stellen.

Als wären das nicht schon Probleme genug, wird die Welt seit Anfang des Jahres 2020 von einer Pandemie heimgesucht, die fast alle gesellschaftlichen Bereiche – unter anderem auch die meisten Sektoren der Wirtschaft – gezwungen hat, in einen Krisenmodus umzuschalten. Innerhalb kürzester Zeit verloren die bislang auf Planbarkeit fußenden

Steuerungsprinzipien ihre Gültigkeit. Man hat in den Führungsetagen angesichts der wachsenden Unsicherheit richtigerweise auf ein iteratives Vorgehen umgestellt. Mit diesem zirkulären, auf Versuch und Irrtum beruhenden Muster der Entscheidungsfindung hat sich unsere ganze Gesellschaft mit wenigen Ausnahmen in einen bislang ungewohnten und enorm viel Verunsicherung erzeugenden Lernmodus begeben.

Der Druck, zur alten »Normalität« zurückzukehren, ist an vielen Stellen spürbar. In Zeiten mit so vielen gleichzeitig wirkenden Unsicherheitsquellen wird der Ruf nach »guter« Führung, nach neuen wirksamen Lösungen, die die Unsicherheit verringern, unüberhörbar. Das Vertrauen in die etablierten Autoritätsverhältnisse und in deren Problemlösungsfähigkeit erodiert. Gleichzeitig entstehen unterstützt durch den rapiden Strukturwandel der Medien neue, vielfach ausgesprochen zweifelhafte Deutungsangebote, die in ihrer Wirkung den öffentlichen Diskurs weiter fragmentieren. Dieses gesteigerte Orientierungsbedürfnis zeigt sich allerdings in den einzelnen gesellschaftlichen Bereichen mit ganz unterschiedlichen Ausprägungen und Konsequenzen, wie das auf dem Feld der Politik gerade eindrucksvoll zu beobachten ist.

Im Unternehmenskontext sind dies immer Zeiten, in denen neue Konzepte und Lösungsversprechen ins Leben treten und vorübergehend viel Aufmerksamkeit auf sich ziehen. Neue Managementideen und Leadershipkonzepte besitzen Hochkonjunktur (vgl. etwa Sassenrath 2020). Im Moment ist es vor allem das Zurückschrauben und Abflachen von Hierarchie in Verbindung mit agileren, teamförmigen Arbeitsformen unterstützt durch »Collaborative Leadership«, das in den einschlägigen Publikationen und Diskussionsforen gerade die Hoheit über die managerialen Stammtische zu gewinnen versucht (beispielhaft Glatzel/Lieckweg 2020). Diese »innovativen« Lösungsangebote bilden vielfach den Stoff der Managementmoden, die für eine gewisse Zeit die Veränderungsanstrengungen in Unternehmen anleiten (dazu nach wie vor lesenswert Kieser 1996).

Lassen sich familiengeführte Unternehmen von solchen Entwicklungen beeindrucken? In der Regel nicht. Familienunternehmen repräsentieren in der Art, wie sie geführt werden, eine ganz eigene Welt. Genau dieser Welt ist das vorliegende Buch gewidmet, da sie in der weitverzweigten und ganze Bibliotheken füllenden Führungsforschung der letzten Jahrzehnte ohnehin nicht ernsthaft berücksichtigt wurde. Für diesen blinden Fleck der Forschung gibt es gute Gründe. Diese sind wohl in den Besonderheiten dieses Unternehmenstyps zu sehen. In der Einschätzung, dass sich familiengeführte Unternehmen in wesentlichen Dimensionen von Nichtfamilienunternehmen unterscheiden, ist sich die einschlägige Forschung inzwischen einig (vgl. etwa Hack 2009 sowie Wimmer 2021). Eine dieser identitätsstiftenden Besonderheiten ist ganz sicher in der Art und Weise zu sehen, wie in ihnen Führung organisiert ist und alltäglich praktiziert wird. Der entscheidende Unterschied zum herkömmlichen Führungsverständnis liegt sicherlich in dem Umstand, dass an der Spitze von Familienbetrieben Unternehmer und Unternehmerinnen stehen, die ihr unternehmerisches Engagement auf einen langfristigen Zeithorizont ausrichten. Es gilt, etwas zu schaffen, das von Generation zu Generation als ein besonderer Wert weitergegeben werden kann, ein Wert, der der Familie als Unternehmerfamilie ihre gesellschaftliche Identität, ihre wirtschaftliche Existenzsicherung und damit ihren Zusammenhalt über lange Zeiträume stiftet. Diese generationsübergreifende Perspektive gilt als eines der zentralen Merkmale, das ein Unternehmen letztlich zu einem Familienunternehmen macht (vgl. zu dieser Co-Creation von Unternehmen und Eignerfamilie Wimmer/Simon 2019). Was verschafft diesem Merkmal in der Praxis letztlich seine so bestimmende Prägekraft? An der Unternehmensspitze sind drei ganz unterschiedliche Funktionen in einer Hand vereint: die des Eigentums am Unternehmen, die der Führung desselben und die des Oberhaupts der Unternehmerfamilie. Diese Einheit an der Spitze des Unternehmens lässt üblicherweise in den frühen Phasen im Lebenszyklus dieser Unternehmen ganz eigentümliche unverwechselbare Führungs- und Organisationsverhältnisse wachsen, eingebettet in eine dazu passende, stark wertegetriebene Organisationskultur.

Das hervorstechendste Merkmal dieser Funktionseinheit besteht darin, dass sie der Unternehmensspitze eine außergewöhnliche Autoritätsposition verschafft. Wenn der unternehmerische Start erfolgreich gelungen ist, dann bündelt und festigt sich bei allen Beteiligten die Sicherheit, dass an der Spitze eine Verantwortungsübernahme für alle auftauchenden Unsicherheiten und die damit verbundenen Entscheidungsnotwendigkeiten wirksam unterstellt werden kann. Mit dieser weitreichenden Verantwortungsbündelung geht in der Regel eine klare Arbeitsteilung Hand in Hand. Alles, was irgendwie mit Führungsaufgaben, d.h. mit im Alltag anfallenden Entscheidungserfordernissen, verknüpft ist, wird von der Spitze erwartet und ist dort zumeist auch gut versorgt. Der Rest der Organisation kann sich auf die Umsetzung dieser Entscheidungen und die Erledigung all dessen, was arbeitsmäßig gerade ansteht, konzentrieren. In diesem Zusammenspiel erübrigt es sich, fein ziselierte hierarchische Ebenen auszudifferenzieren und die Führungsverantwortung sorgfältig abgestuft auf viele Schultern zu verteilen. Deshalb sind in solchermaßen geführten Unternehmen keine formell festgelegten und allgemein verbindlich kommunizierten Organigramme anzutreffen. Der Grad der Formalisierung des organisationsinternen Geschehens ist insgesamt extrem gering. Flache Hierarchien bilden hier üblicherweise den Normalzustand. Letztlich gibt es nur eine wirklich wichtige Führungsbeziehung und das ist die zum Inhaber bzw. zur Inhaberin an der Unternehmensspitze, auch wenn es in der Praxis je nach Unternehmensgröße natürlich große Abstufungen gibt. Dies ist eine Relation, in die fast immer auch eine persönlich getönte, emotionale Seite in die wechselseitigen Erwartungen mit eingebaut ist. Die Verantwortlichen an der Spitze versuchen deshalb auch, solange es irgendwie geht, durch das Herstellen und Aufrechterhalten von persönlichen Kontakten zu den Beschäftigten den mit einer solchen Führungskonstellation verbundenen emotionalen Erwartungen tatsächlich auch gerecht zu werden.

Hinsichtlich des Organisationsaufbaus bedeuten solche Führungsverhältnisse, dass im Zuge des Wachstums, wenn eine klarere organisatorische Aufgabenteilung unvermeidlich wird, diese Aufgabenzuordnung um lang gediente, bewährte und vertrauenswürdige Leistungsträger herum erfolgt. So entstehen im Laufe der Zeit organisationsintern Subeinheiten und Bereiche, deren genauen Aufgabenzuschnitt man nur verstehen kann, wenn man sieht, um welche Personen herum aus welchem Anlass dieser Zuschnitt geformt worden ist. In diesem Organisationsmuster folgen die Aufgaben und die damit verbundenen Verantwortlichkeiten den Personen und nicht umgekehrt. So entsteht im Zuge des Unternehmenswachstums um die Spitze herum ein größer werdender Kreis an lang gedienten Verantwortungsträgern, die sich auf ein besonderes Vertrauens- und Naheverhältnis zum Inhaber stützen können und in ihrer Summe die wesentlichen Funktionsbereiche repräsentieren. Die alltägliche Zusammenarbeit funktioniert ohne aufwendige Abstimmungsprozesse und ohne formal festgelegte Strukturen der Regelkommunikation. Der Bedarf an bürokratischen Regelwerken zur Steuerung des operativen Arbeitsgeschehens wird, soweit es irgend geht, möglichst gering gehalten. Diese Form des regelarmen, kommunikationssparenden Miteinanders ist möglich, weil man sich wechselseitig dank der langen Zugehörigkeit sehr gut kennt und um die jeweiligen Stärken und Schwächen sehr genau Bescheid weiß. Dieses personenbezogene Erfahrungswissen, diese genaue Personenkenntnis ermöglicht es, die Stellung der anderen im Prozessgeschehen treffsicher mitzudenken, ohne dass es dafür einer aufwendigen Abstimmung und expliziter Absprachen bedürfte. Jeder kann darauf vertrauen, dass man bei Entscheidungen anderer schon angemessen mitgedacht wird und alle anderen auch ihre gesamte Energie in den Dienst des Unternehmens stellen und deshalb engagierte Kooperation im Sinne der gemeinsamen Sache als selbstverständlich erwartet werden kann.

Die Funktionstüchtigkeit solcher Führungsverhältnisse steht und fällt mit dem Vorhandensein einer starken Unternehmenskultur, die im Kern eine Handvoll von gemeinsam geteilten Grundüberzeugungen und Werthaltungen beinhaltet, die im Alltag das Verhalten untereinander koordinieren, ohne dass darüber viel geredet werden muss. Dazu zählt auf der einen Seite die tiefe Loyalität der Beschäftigten dem nachhaltigen Wohlergehen des Unternehmens und seiner Eignerfamilie gegenüber – eine Loyalität, die regelmäßig zu einer außergewöhnlichen Einsatzbereitschaft führt. Dem steht auf der anderen Seite die Gewissheit der Leute gegenüber, dass sie bei den einschlägigen Unternehmensentscheidungen auch als Personen mit ihren je individuellen Besonderheiten und Problemlagen zählen. In die Rolle als Beschäftigte in einem Familienunternehmen ist demnach ein familienähnliches Zugehörigkeitsversprechen mit eingebaut, das normalerweise weit über das hinausgeht, was man ansonsten als Mitglied einer Organisation persönlich erwarten kann.

Diese ganz spezifische familienhafte Reziprozität, die die kulturelle Stärke gut geführter Familienunternehmen ausmacht, ist das Fundament, auf dem sich die charakteristischen Führungspraktiken von Inhabern an der Spitze ihrer Unternehmen entfalten können. Weil diese Praktiken meist die Art widerspiegeln, in der auch in Familien das Miteinander der Partner und das Verhältnis zum Nachwuchs gesteuert wird, werden diese Muster von außenstehenden Beobachtern gerne als »patriarchalisch« bezeichnet. Diese Begrifflichkeit bringt im Kontext der Analyse des Führungsgeschehens von Familienunternehmen keineswegs einen negativen bzw. kritischen Beigeschmack zum Ausdruck, denn es sind gerade diese Familienhaftigkeit und die damit verbundenen Gestaltungsprinzipien des alltäglichen Miteinanders, die die vielfach bewunderte Leistungsfähigkeit dieses Unternehmenstyps ausmachen. (Für dieses Phänomen hat sich in der Forschung der Begriff »Familiness« eingebürgert, vgl. Habbershon et al. 2003 sowie Frank et al. 2010.)

Die angesprochenen Leistungsvorteile, die mit der Einheit von Eigentum und Führung, also mit dem Unternehmertum an der Spitze von Unternehmen zumeist verbunden sind, sind in der Literatur vielfach beschrieben worden (vgl. Wimmer et al. 2018): Kurze Entscheidungswege, eine unternehmerisch kalkulierte Risikobereitschaft, ein sparsamer Umgang mit Ressourcen verbunden mit einer langfristig ausgerichteten Investitionspolitik, eine hohe Umsetzungsgeschwindigkeit bei erkannten Handlungsnotwendigkeiten, eine konsequente Ausrichtung am Kundennutzen und vielfach dadurch angeregt eine kontinuierliche Innovation des eigenen Leistungsportfolios, ein fairer Umgang mit den erfolgskritischen Partnern in der eigenen Wertschöpfungskette sowie eine persönliche Handschlagqualität in den wechselseitigen Abmachungen, eine außergewöhnliche Einsatzbereitschaft der eigenen Belegschaft wie auch der Unternehmerfamilie, wenn es die Situation des Unternehmens erfordert, und dergleichen mehr – all dies zusammen sorgt unter ganz bestimmten Rahmenbedingungen für jene typischen Wettbewerbsvorteile, die eine überdurchschnittliche Ertragskraft und damit eine nachhaltige Wachstumsentwicklung ermöglichen. Dieses besondere Leistungsvermögen wird in der Literatur gerne unter dem »Resource-based View« zusammengefasst (vgl. dazu Habbershon et al. 1999, Rau 2014 sowie Sirmon/Hitt 2003, die dafür auf das spezifische »Social Capital« von Familienunternehmen rekurrieren).

Die vorliegende Arbeit hat sich zum Ziel gesetzt, den bereits angedeuteten Eigenheiten in der Führung von Familienunternehmen im Detail auf die Spur zu kommen. Diesem Anliegen geht die Klärung der Frage voraus, welche Theorieressourcen genutzt werden können, um zu einer angemessenen Beschreibung der besonderen Charakteristika des Führungsgeschehens in diesem Unternehmenstyp zu kommen. Dieser Teil versucht, einen Beitrag zur Theoriebildung im Kontext der sich gerade intensivierenden Forschung zu Familienunternehmen zu leisten. Letztlich geht es aber auch darum, die spezifischen Selbstgefährdungspotenziale und Entwicklungsdilemmata herauszuarbeiten, die in diese Praktiken unweigerlich eingebaut sind. Die besonderen Erfolgschancen der hier untersuchten Führungskonstellation, die nach wie vor bei mehr als zwei Drittel vor allem der kleineren und mittelgroßen Familienunternehmen anzutreffen ist, sind nämlich an klar benennbare Voraussetzungen geknüpft, die gerade bei wachstumsstarken Familienunternehmen vielfach nicht mehr gegeben sind. Die Funktionstüchtigkeit dieser für eignergeführte Unternehmen typischen Führungskonstellationen ist auf Marktgegebenheiten angewiesen, die ein organisches Wachstum erlauben, und zwar mit einer Geschwindigkeit und Dynamik, die unternehmensintern mit den eingeschwungenen Bearbeitungsmustern gut verarbeitet werden können. Diese interne Verarbeitbarkeit ermöglichende Synchronizität von unternehmensinterner und externer Entwicklung ist angesichts einer spürbaren Veränderungsdynamik hin zu deutlich komplexer werdenden Verhältnissen in einer Reihe von gut begründeten Fällen nicht mehr zu erwarten. Den spezifischen Triebkräften, die die eingeschwungenen Führungsverhältnisse von familiengeführten Unternehmen enorm unter Druck bringen, und den damit angestoßenen Transformationsprozessen ist der abschließende Teil der Arbeit gewidmet.

2 Dominante Theorieansätze zur Führung in der Familienunternehmensforschung

Die Forschung zu Familienunternehmen ist ein vergleichsweise noch sehr junges Feld. Es hat sich in den zurückliegenden drei Jahrzehnten auf internationaler Ebene als eigenständige Subdisziplin der Wirtschaftswissenschaften erfolgreich ausdifferenziert und hat in der Zwischenzeit in der einschlägigen Scientific Community erstaunlich viel Aufmerksamkeit auf sich gezogen (für einen guten Überblick vgl. Sharma et al. 2014b). Angesichts des Umstandes, dass bei diesem Typus von Wirtschaftsorganisation so unterschiedliche und in ihrer Logik sogar teilweise gegensätzliche soziale Formationen in einer einander prägenden Koevolution zusammenwirken (eine Familie auf der einen Seite und ein Unternehmen auf der anderen Seite), ist es nicht verwunderlich, dass für seine Erforschung ausgesprochen heterogene Theoriezugänge zum Einsatz kommen, um die Besonderheiten dieses Typs angemessen zu erfassen. Diese paradigmatische Vielfalt mag man als ein Problem sehen und dieses dem noch geringen Reifegrad der noch jungen Disziplin zurechnen. Man kann sie aber auch als Spiegel der spezifischen Komplexität dieser weltweit dominanten Ausprägung wirtschaftlicher Aktivitäten sehen, deren Erforschung eben eine eigene komplexitätsadäquate »transdisziplinäre« Theoriebildung benötigt (vgl. dazu etwa Kormann/Wimmer 2018).

Die nun folgenden Überlegungen möchten dazu mit Blick auf das Thema Führung einen kleinen Beitrag leisten. In einem ersten Schritt werden drei in der Forschung aktuell etablierte theoretische Ansätze rekonstruiert, um herauszuarbeiten, was durch diese »Brillen« gesehen werden kann und welche spezifischen Erkenntnisgrenzen mit diesen theoretischen Definitionen verbunden sind. In einem zweiten Schritt wird ein Theorieangebot formuliert, das von sich behauptet, die tradierten Begrenzungen weitgehend hinter sich zu lassen und die Eigentümlichkeiten des Führungsgeschehens in Familienunternehmen realitätsgerechter zu erfassen.

2.1 Die Principal-Agent-Theorie und ihre Grundannahmen für die Funktionsweise familiengeführter Unternehmen

Der Principal-Agent-Ansatz wurzelt im Kern in den theoretischen Grundprämissen der »neueren Institutionenökonomik« (dazu Richter/Furubotn 2003). Die institutionenökonomischen Ansätze gehen von Akteuren aus (Konsumenten, Haushalte, Unternehmern etc.), die in ihren wirtschaftlichen Aktivitäten unvermeidlicherweise mit unvollkommenen Informationen operieren und dabei ganz grundsätzlich eine begrenzte Rationalität aufweisen. In ihrem Zusammenwirken mit anderen, d. h. in ihren wirtschaftlichen Austauschbeziehungen, versuchen diese Akteure (hier der klassischen Annahme des »Homo oeconomicus« folgend), immer und überall ihren ganz persönlichen Nutzen zu optimieren, ihre eigenen Ziele und Interessen durchzusetzen und dies auf eine Art und Weise, die die eigenen Risiken minimiert. Angesichts des Umstandes, dass das Realisieren wirtschaftlicher Interessen immer auf ein Mitwirken anderer Akteure angewiesen ist, die ihrerseits ihren eigenen Nutzen optimieren, sind wirtschaftliche Prozesse erwartbar, die von einer charakteristischen Wettbewerbsdynamik rund um die Lösung von Knappheitsproblemen gekennzeichnet sind. Genau diese Dynamiken sind auf den verschiedenen Ebenen der Gesellschaft letztlich der bevorzugte Gegenstand wirtschaftswissenschaftlicher Forschung.

Die Principal-Agent-Theorie konzentriert sich aus diesem weiten Feld wirtschaftlicher Prozesse auf einen ganz bestimmten Zusammenhang: auf die Situation eines Principals, der die Erfüllung einer bestimmten Aufgabe mit einer klaren Zielsetzung anstrebt und damit jemand anderen (den Agenten) gegen eine definierte Entlohnung mit der Bewältigung dieser Aufgabe beauftragt. Aus dieser vertraglich begründeten Konstellation entstehen für einen Auftraggeber angesichts der unterstellten Prämissen (z. B. persönliche Nutzenoptimierung) spezifische Problematiken (sogenannte »Agency Problems«), deren genauere Analyse und möglichst effiziente Bewältigung Gegenstand der Forschung aus Sicht dieses Theoriezugangs sind (dazu grundlegend Eisenhardt 1989).

Das Paradebeispiel für eine solche Kooperationssituation bildet das Verhältnis des Eigentümers zum Topmanagement seines Unternehmens, sobald es zu einer Trennung der Funktionen Eigentum und Unternehmensführung gekommen ist (vgl. Jensen/Meckling 1976). »Separation of ownership and management is a key component of agency theory« (Madison et al. 2017, S. 46). Jene Grundprobleme, die das spezifische Verhältnis des Principals zu seinem Agenten prägen, können unternehmensintern neben dem bestimmenden Verhältnis der Eigentümer zu ihrem Management auch auf alle anderen Führungsbeziehungen angewendet werden (Eisenhardt 1989). Unternehmen lassen sich vor diesem Hintergrund als subtiles, vertragsbasiertes Geflecht ineinander verwobener Principal-Agent-Beziehungen begreifen und interpretieren. Sie stellen in dieser Perspektive eine organisationsförmig strukturierte Arena zur Verfügung, auf der die Akteure in der Verfolgung ihrer Interessen zwar voneinander abhängig sind, es aber im Grunde darum geht, die unvermeidlichen Informationsasymmetrien, die begrenzte Rationalität bzw. das spezifische Risikoverhalten der jeweils anderen in diesem Spiel für die eigene Nutzenoptimierung gezielt auszuschlachten.

Die mit dieser Führungskonstellation einhergehenden Herausforderungen lassen sich im Wesentlichen auf zwei Problemfelder zuspitzen. Zum einen ist davon auszugehen, dass der Agent in der Erfüllung der ihm übertragenen Aufgaben seine eigenen Ziele verfolgt, also ein opportunistisches Verhalten an den Tag legt, und der Principal die damit verbundenen Abweichungen mangels realitätsgerechter Einblicke in das jeweilige Arbeitsgeschehen im Detail gar nicht beurteilen kann. Die aus diesem Umstand einer schwer zu vermeidenden Informationssymmetrie resultierenden Verhaltensmöglichkeiten des Agenten werden gerne unter dem Begriff des »Moral Hazard« zusammengefasst (Eisenhardt 1989). Zum anderen hat der Agent immer die Möglichkeit, den Principal hinsichtlich seiner tatsächlichen Fähigkeiten im Unklaren zu halten. Persönliche Fehleinschätzungen in der Auswahl des Agenten sind daher wahrscheinlich (Problem der »Adverse Selection«). Für beide Problemfelder gilt es, eine geeignete Vorsorge zu treffen, etwa durch gezielte Governancelösungen, die die Leistungsprozesse des Agenten gut beobachtbar und damit einschätzbar machen, bzw. durch maßgeschneiderte Incentivelösungen, die sich stärker am Ergebnis der Aufgabenerfüllung orientieren und so die Interessenslagen zwischen Principal und Agent aneinander angleichen (dazu Fama/Jensen 1983 sowie Eisenhardt 1989). Die Forschung zielt, geleitet von den Gedankengängen der Principal-Agenten-Theorie, darauf ab, die hier nur grob geschilderten »Agency Problems« in ihren kausalen Wirkungsmechanismen immer genauer zu erfassen und Lösungen zu finden, die den damit verbundenen »Agency Cost« möglichst gering halten, um so die angestrebte Effizienz der Unternehmensleistung zu gewährleisten (nach wie vor grundlegend dazu Jensen/Meckling 1976).

Da die Principal-Agent-Theorie vornehmlich in der Theoriearchitektur des wirtschaftswissenschaftlichen Denkens begründet ist, ist ihre bis heute prägende paradigmatische Dominanz in den Management Sciences gut nachvollziehbar. Auf den ersten Blick scheint ihre besondere Erklärungskraft im Kontext von familiengeführten Unternehmen allerdings nicht zum Tragen zu kommen. Überall dort, wo die Einheit von Eigentum und Führung an der Spitze eines Unternehmens noch voll in Wirksamkeit ist, dürften eigentlich keine der bekannten »Agency Problems« zu beobachten sein (vgl. Jensen/Meckling 1976, Chrisman et al. 2004, Shukla et al. 2014, S. 103).

Ein genauerer Blick im Rahmen der Forschung seit der Jahrtausendwende hat allerdings auch bei Familienunternehmen eine Reihe von Konstellationen zutage gefördert, die sich gerade durch diese Theorie in ihrer Problematik gut verstehen lassen. Dazu zählen etwa Situationen, in denen die Familie ihren außergewöhnlichen Einfluss an der Unternehmensspitze dafür nutzt, Erträge in einem unangemessenen Ausmaß für die Familie abzuzweigen, Familienmitglieder in der Firma zu bevorzugen, Nachfolger in der Führung zu etablieren, obwohl ihnen die erforderliche Eignung fehlt, und ähnliche Phänomene, die man gerne als Nepotismus bzw. als »Asymmetric Altruism« bezeichnet (vgl. Madison et al. 2016, S. 68). Ihnen ist gemeinsam, dass die Eigentümer den Familieninteressen einen deutlichen Vorrang gegenüber den Überlebenserfordernissen des Unternehmens einräumen und dieses damit in seiner Entwicklungsfähigkeit nachhaltig schädigen (dazu vgl. etwa auch Shukla et al. 2014, S. 106 sowie Chua et al. 2009).

Zu den typischen Problemfeldern, die speziell aus der Einheit von Eigentum und Führung resultieren können, zählt auch das Phänomen, dass gerade sehr erfolgreiche Unternehmer an der Unternehmensspitze im Zeitverlauf ihr ursprüngliches unternehmerisches Gespür einbüßen und anfangen, an Produkten, Dienstleistungen, an Verfahren und Technologien festzuhalten, obwohl in strategischer Hinsicht längst entsprechende Innovationen erforderlich wären. Aus den strategischen Versäumnissen, die regelmäßig mit dieser eignergeprägten Pfadabhängigkeit verknüpft sind, erwachsen zumeist auf lange Sicht gesehen operative Fehlentwicklungen, die in der Regel in existenzgefährdende Unternehmenskrisen münden. »The emotional attachment the owning family has on the firm may inhibit business decisions decreasing firm performance« (Madison et al. 2017, S. 60).

Wenn in späteren Phasen des Lebenszyklus von familiengeführten Unternehmen die Einheit von Führung und Eigentum aufgelöst wird, dann entstehen unweigerlich Konfliktdynamiken innerhalb des Gesellschafterkreises, die dazu führen, dass ein einheitlicher unternehmerischer Gestaltungswille auf der Eigentümerseite verloren geht. Dies ist häufig der Fall, wenn sich die Unternehmerfamilie in Stämme aufspaltet und diese Stammesinteressen in den einschlägigen Entscheidungsprozessen die Oberhand gewinnen.

Vergleichbare Konfliktdynamiken können zwischen tätigen und nichttätigen Gesellschaftern erwachsen, zwischen Geschwistern in der Führung des Unternehmens, zwischen Mehrheits- und Minderheitsgesellschaftern innerhalb der Unternehmerfamilie und in vergleichbaren Familienkonstellationen, in denen die Familiendynamik eine Fokussierung auf das, was das Unternehmen gerade braucht, nicht mehr zulässt. Familienbasierte Konflikte haben in der Regel die Tendenz, sich mangels klarer Autoritätsverhältnisse zu verselbstständigen und sich chronisch immer wieder aufzuladen und so die unternehmensbezogenen Entscheidungserfordernisse für sich zu okkupieren (vgl. dazu von Schlippe 2014).

Aus Sicht der Principal-Agent-Theorie eignen sich solche Problemlagen besonders gut, Zielkonflikte (d. h. ein »Misalignment of Shareholder Goals«) dauerhaft zu etablieren und damit die Führbarkeit des Unternehmens spürbar zu beeinträchtigen. Sobald die Fähigkeit zu einer einheitlichen Entscheidungsfindung im Eigentümerkreis zerbricht, braucht es Governancelösungen, die das Unternehmen vor den destruktiven Dynamiken auf Eigentümerebene schützen (dazu auch Zellweger/Kammerlander 2015). Die hier geschilderten Beeinträchtigungen erzeugen immer dann in einem besonderen Ausmaß negative Konsequenzen, wenn das Unternehmen komplett von einem Fremdmanagement geführt wird und dieses auf der Seite der Eigentümer kein entscheidungsfähiges Gegenüber besitzt (vgl. Villalonga/Amit 2006).

Angesichts der großen Zahl an Forschungsarbeiten, die Familienunternehmen inzwischen mithilfe dieses theoretischen Rahmens betrachten, überrascht es nicht, dass sich dieser Forschungsstrang in den Annahmen bezüglich seiner Fruchtbarkeit auch für diesen Unternehmenstyp voll bestätigt fühlt. »In conclusion, agency theory is an applicable theoretical perspective for family firm governance and performance research« (Madison et al. 2017, S. 65). Diese Bestätigung erwächst zudem aus der inzwischen gewonnenen Gewissheit, dass die von der Theorie entwickelten Lösungen für die Bearbeitung der diagnostizierten Agency Problems auch für familiengeführte Unternehmen anwendbar sind. In diesem Punkt gibt es keinen Unterschied zu Nichtfamilienunternehmen, für die diese Lösungsperspektiven ursprünglich entwickelt worden sind. Die diesbezüglichen Forschungen zeigen, »that agency governance mechanisms, such as the presence of a board of directors, incentive compensation plans, and monitoring activities serve their theorized purpose within family firms« (Madison et al. 2017, S. 61).

Zusammenfassend lässt sich feststellen, dass sich die bisherige Familienunternehmensforschung, die mithilfe der Principal-Agency-Theorie operiert, auf Themenfelder fokussiert, die alle anzeigen, dass diese Unternehmen von ihrem ursprünglichen Erfolgskurs abweichen. Die diesbezügliche Forschung beschäftigt sich also primär mit der »dunklen« Seite dieses Unternehmenstyps, mit seinen häufig beobachtbaren Selbstgefährdungspotenzialen begleitet von der Vermutung, dass diese Potenziale überwiegend die Entwicklung dieser Unternehmen bestimmen. Folgt man dem prognostischen Potenzial dieser Forschungsrichtung, das diese selbst für sich beansprucht, so führen diese Selbstgefährdungspotenziale entweder zu einem Verschwinden vom Markt oder durch eine erfolgreiche Übernahme der von der Theorie erarbeiteten Governancelösungen zu einer schrittweisen Angleichung an die Erfolgsmuster von Nichtfamilienunternehmen. Solche Grundannahmen bezüglich jener in das Wesen familiengeführter Unternehmen angeblich unvermeidlich eingebauter Entwicklungsperspektiven finden sich auch in der kapitalmarktorientierten Finanzierungskultur wieder, wie sie für die angloamerikanische Wirtschaftswelt prägend ist. Hier straft der Kapitalmarkt das Aufrechterhalten des Familieneinflusses bei börsennotierten Unternehmen regelmäßig ab (vgl. dazu Berghoff/Köhler 2020, S. 45).

Im blinden Fleck dieser Forschung bleibt allerdings der Umstand, dass eine Vielzahl von familiengeführten Unternehmen über Generationen hinweg ausgesprochen erfolgreich bleibt und dabei ihren Charakter als Familienunternehmen durchaus bewahrt. Es gibt inzwischen ausreichend empirische Forschungen, die diesen Befund belegen (als Beispiel sei auf Anderson/Reeb 2003 sowie Amit/Villalonga 2014 verwiesen). Es gibt zudem eine umfangreiche Forschung zu den besonderen Wettbewerbsvorteilen familiengeführter Unternehmen (für einen Überblick vgl. Xi et al. 2013), die zeigen kann, welche »Organizational Capabilities« solche Unternehmen entwickeln, um in ihren Märkten die

Nase vorn zu haben und in der Lage zu sein, ihren Vorsprung auf lange Sicht zu halten (am Beispiel der »Hidden Champions« belegt dies Simon 2012). All diese Faktoren, vor allem aber die spezifischen Führungspraktiken langfristig erfolgreicher Familienunternehmen, werden von dem Theorierepertoire des Principal-Agent-Ansatzes nicht erfasst, dies auch deshalb, weil in dieser Theorieperspektive Führung lediglich die schlichte Realisation der unterstellten Ursache-Wirkungs-Zusammenhänge in den vielfältigen Principal-Agent-Beziehungen zu ihrem Gegenstand hat. Sie ist keine eigene Gestaltungsgröße in der Entwicklung des Unternehmens als Organisation.

2.2 Die Stewardship-Theorie

Die Zuspitzungen in den Grundannahmen menschlichen Verhaltens, wie sie in der Principal-Agent-Theorie für das Zusammenspiel der Akteure in Unternehmen vorgenommen worden sind, sind im wissenschaftlichen Diskurs nicht unwidersprochen geblieben. In den zurückliegenden 25 Jahren hat sich eine Gegenrichtung herauskristallisiert, die sich unter dem Titel »Stewardship Theory of Management« zusammenfassen lässt (als Basisarbeit für diesen Ansatz gilt Davis et al. 1997). Dieser Zugang hat vor allem in der Familienunternehmensforschung erhebliche Resonanz gefunden.

Die Vertreter dieser Denkrichtung greifen im Aufbau eines tragfähigen Begründungszusammenhanges für die Frage, was einem erfolgreichen wirtschaftlichen Zusammenwirken in Unternehmen letztlich zugrunde liegt, auf eine spezifische Kombination psychologischer und organisationssoziologischer Theorieelemente zurück. Auf der Seite der handelnden Akteure unterstellen sie nicht zwangsläufig eine persönliche Nutzenoptimierung. Die individuelle Motivationslage und Verhaltensdisposition des Einzelnen ist im Kontext eines Unternehmens aus Sicht dieses Theoriezugangs durchaus kontingent. Diesbezügliche Festlegungen können in sehr unterschiedliche Richtungen erfolgen. Zurückgreifend auf die McGregor'schen Überlegungen zu den persönlichen Motivkräften in Unternehmen (vgl. ders. 1960) sehen die Proponenten des Stewardship-Ansatzes auch die Möglichkeit, dass Akteure ihre ganz persönliche Erfüllung darin sehen, ihre ganze Kraft und Energie für den Erfolg des jeweiligen sozialen Ganzen einzusetzen (vgl. Donaldson 1990). Diese Art des Antriebs fußt auf der intrinsisch verankerten Motivation, im Sinne der übernommenen Aufgabe erfolgreich wirksam werden zu können und dafür die erforderlichen Kooperationsbedingungen selbst aktiv bereitzustellen, ohne dabei den persönlichen Nutzen ständig vor Augen zu haben. Im Unterschied zur Agency Theory werden hier Manager als Stewards beschrieben, »whose behavior is based on an intrinsic desire to serve the firm and will therefore naturally align with the principal's interests« (Madison et al. 2016, S. 66 – 67).

Klar ist, dass solche Verhaltensdispositionen nur in einem organisationsinternen Umfeld zum Tragen kommen, das ein diesbezügliches Verhalten stimuliert und »belohnt«. Das braucht zwischenmenschliche Verhältnisse, in denen man sich wechselseitig vertrauen kann, die auf fairen, reziproken Austauschbeziehungen beruhen, bei denen man sich darauf verlassen kann, dass sich alle Beteiligte in ihrem Engagement am gemeinsamen Erfolg des größeren Ganzen orientieren. Diese Beziehungsqualität erübrigt es, ständig damit beschäftigt zu sein, sich in mikropolitischen Auseinandersetzungen und Machtspielen vor dem Ausgenutztwerden zu schützen. Vertrauen ist in diesem Kontext zweifelsohne die entscheidende Ressource für ein erfolgreiches Miteinander. Die laufende Erneuerung dieser Ressource braucht eine feste Verankerung in geeigneten organisatorischen Rahmenbedingungen, eine stimmige Kohärenz zwischen der täglich erlebten Führungspraxis, den zugrunde liegenden Entscheidungsstrukturen und einer starken Unternehmenskultur, in die das ganze Geschehen eingebettet ist. Ein solcher Rahmen lässt Arbeitsbedingungen erwarten, die für eigenes Entscheiden einen gewissen Freiraum bereitstellen, die eine eigenständige Verantwortungsübernahme gepaart mit einer gewissen Risikobereitschaft belohnen, die auf übermäßige Kontrollmechanismen verzichten und die intrinsische Motivation und die hohe Identifikation mit dem Vorankommen des Unternehmens nicht durch die Betonung ausschließlich monetärer Incentives verdrängen (dazu vor allem Davis et al. 1997). Folgt man diesen Prämissen der Stewardship-Theorie, dann stellt sich Führung primär in den Dienst der Herstellung und Aufrechterhaltung der eben beschriebenen Organisationsverhältnisse, die das erfolgreiche Überleben des größeren sozialen Ganzen ins Zentrum der gemeinschaftlichen Anstrengungen rücken. Gelingt dies, dann setzt das bei den Beschäftigten jenen Energieeinsatz frei, den diese Theorie mit ihrem Menschenbild unterstellt.

Diese Theorieüberlegungen sind bei einem erheblichen Teil der Familienunternehmensforscher und -forscherinnen auf große Resonanz gestoßen (diesbezügliche Literaturreviews bieten etwa Madison et al. 2016 sowie Odom et al. 2019). Manche halten diese geradezu für »ideal for explaining governance in the family business context« (Davis et al. 2010). Dieselben Autoren betonen, »that family firms foster trust and commitment among employees, making stewardship the ›secret sauce‹ for creating a competitive advantage in family firms« (zit. bei Madison et al. 2016, S. 69). Studien zeigen, dass überall dort, wo sich Eignerfamilien selbst in den Dienst einer langfristigen Überlebenssicherung des Unternehmens stellen, durchgängig die Ausprägung einer Stewardship-Kultur zu beobachten ist (Le Breton-Miller/Miller 2009). Mit Blick auf die transgenerationale Entwicklungsperspektive von familiengeführten Unternehmen kommen Arrègle et al. (2007) zu einem ganz ähnlichen Ergebnis. Gestützt durch eine solche von der Unternehmensspitze vorgelebte Kultur festigen sich Führungspraktiken, die Wert auf gelingende Kooperation legen, eigenverantwortliches Handeln und engagierte Verantwortungsübernahme fördern und für ein Lebendigbleiben einer hohen Identifikation mit dem Unternehmen sorgen (Eddleston/Kellermanns 2007). »Stewardship orientation is argued to enhance the achievement of long-term organizational goals that emerge from reciprocal altruism, prosocial behavior, and mutual interdependence« (Eddleston et al. 2008, zit. bei Odom et al. 2019, S. 51). In Summe sind das Unternehmen, die schwer imitierbare Ressourcen und Fähigkeiten hervorbringen, die kontinuierlich wachsen, sich auch in Krisenzeiten resilient bewähren und sich letztlich wirtschaftlich überdurchschnittlich erfolgreich in ihren Märkten behaupten (vgl. Miller/Le Breton-Miller 2005, Miller et al. 2008 sowie Sirmon/Hitt 2003).

Stellt man die beiden geschilderten Theorierichtungen einander gegenüber, so ist bei aller Gegensätzlichkeit ihrer Grundannahmen doch faszinierend, dass beide sichtlich mit einigem Recht feststellen, dass der jeweilige Ansatz gestützt durch eine Vielzahl empirischer Studien gerade für die Besonderheiten von Familienunternehmen absolut passend ist. Die Verfechter der Principal-Agent-Theorie können sich in ihrer Annahme bestätigt fühlen, dass diese Unternehmen nur dann eine gute Zukunftsperspektive haben, wenn sie die empfohlenen Governancelösungen erfolgreich implementieren und sich damit den Erfolgsmustern von Nichtfamilienunternehmen schrittweise annähern. Aber auch die am Stewardship-Ansatz orientierte Forschung kann zeigen, dass gerade die langlebigen Familienunternehmen ihre erstaunliche Überlebensfähigkeit dem Lebendighalten von Stewardship-Prinzipien verdanken. Offensichtlich ist das Feld der Familienunternehmen so heterogen, dass es in einer ausreichenden Vielfalt Beispiele zur Verfügung stellt, aufgrund derer die Forschung zu so gegensätzlichen, verallgemeinerungsfähigen Aussagen kommen kann, die die bestehenden paradigmatischen Ausrichtungen jeweils bestätigen und ihre weitere Anwendung ermutigen. Das ist forschungssoziologisch an sich ein spannendes Phänomen. Inzwischen mehren sich die Arbeiten, die diese Gegensätzlichkeit selbst zum Gegenstand von Überlegungen machen und die sowohl das Forschungsfeld selbst dahin gehend betrachten, warum es dieses Nebeneinander der Gegensätze ermöglicht, als auch der Frage nachgehen, was es an zusätzlicher Theoriebildung braucht, um diese empirischen Unterschiede besser zu erklären (vgl. etwa Madison et al. 2016 und 2017, Le Breton-Miller/Miller 2009 sowie Odom et al. 2019). Ein Phänomen zeigt die bisherige Theorierekonstruktion allerdings bereits recht deutlich. Der Zusammenhang von Führung und Organisation verstanden als kollektiver Akteur eigenen Typs bleibt in der bisherigen Forschung zu Familienunternehmen auffällig unterbelichtet (vgl. auch die Einschätzung von Xi et al. 2013, S. 123). Vermutlich hängt dies mit dem methodologischen Individualismus und der Suche nach zeitstabilen Ursache-Wirkungs-Relationen zusammen, die das Denken in den Management Sciences nach wie vor dominieren. Aber auch die nächste, derzeit sehr prominente theoretische Entwicklung, die nun kurz vorgestellt werden soll, bleibt an diese hier deutlich gewordenen Einseitigkeiten gebunden.

2.3 Der Social-Emotional-Wealth-Ansatz (SEW)

Der SEW-Ansatz stellt im Grunde genommen eine weiterentwickelte Variante der Principal-Agent-Theorie dar, eine Variante, die im zurückliegenden Jahrzehnt in der einschlägigen Forschung sehr an Bedeutung gewonnen hat. »SEW has emerged as a major approach for studying the behaviors of family firms« (Odom et al. 2019, S. 59, zu einer ganz ähnlichen Einschätzung kommen Schulze/Kellermanns 2015 sowie Sharma et al. 2014b, S. 5). In seinen theoretischen Grundannahmen greift dieser Forschungsansatz auf Denkfiguren zurück, die im »Behavioral Agency Model« (BAM) entwickelt worden sind (dazu Wiseman/Gomez-Mejia 1998). Im Mittelpunkt stehen Annahmen zu unternehmerischen Erwartungshaltungen im Umgang mit vermuteten Risiken und den daraus abgeleiteten Verhaltenspräferenzen wirtschaftlicher Akteure (fußend auf den vielfach zitierten Arbeiten von Kahnemann und Tversky 1979). Damit kommen unterschiedliche Risikopräferenzen des Principals wie des Agents, die sich im Zeitverlauf durchaus ändern können, sehr viel stärker in den Blick. BAM »suggest[s] selfinterested individuals are more likely to prefer the minimization of current losses over maximizing future gains« (Shukla et al. 2014, S. 106). Diese Art der Präferenzbildung im Umgang mit unternehmerischen Risiken wird nun von Forschern, die dem SEW-Ansatz folgen, speziell den Inhabern von Familienunternehmen unterstellt. Mit Blick auf diesen Unternehmenstyp wird darüber hinaus von der weithin geteilten Beobachtung ausgegangen, dass die Inhaber mit ihren Unternehmen nicht nur wirtschaftliche Ziele (z. B. einen möglichst hohen Gewinn) verfolgen, sondern dass ihrem unternehmerischen Engagement und den damit verbundenen strategischen Weichenstellungen ein charakteristisches Set an nichtökonomischen Zielsetzungen zugrunde liegt (vgl. Berrone et al. 2012). Dazu zählen das Bedürfnis, als Familie die Kontrolle über die Unternehmensentwicklung zu halten, das Streben, die gewonnene Reputation und den sozialen Status im Umfeld zu sichern, sowie der Wunsch, das Unternehmen für nachfolgende Generationen zukunftsfähig zu halten, die wirtschaftliche Absicherung der Familie zu gewährleisten etc. Die Kernthese des SEW-Ansatzes läuft darauf hinaus, dass die Unternehmerfamilie alles daransetzt und ihre Eigentümerrolle dafür nutzt, um eine Beeinträchtigung ihrer nichtökonomischen Ziele zu verhindern, auch wenn dies auf Kosten der wirtschaftlichen Ertragskraft des Unternehmens geht (erstmals empirisch zu belegen versucht von Gomez-Mejia et al. 2007, ähnlich auch Odom et al. 2019, S. 53). In diesem Sinne wird SEW definiert als »non-economic statisfaction derived from firm ownership« (Shukla et al. 2014, S. 108).

Inzwischen haben die Hauptvertreter dieses Forschungszugangs Messkriterien ausgearbeitet, anhand derer empirische Studien die Stichhaltigkeit der Grundannahmen des Ansatzes erhärten können (dazu Berrone et al. 2012); zusammengefasst in den 5-FIBER-Dimensionen (**F**amily control and involvement; **I**dentification of family members with the firm; **B**inding social ties; **E**motional attachment of family members to their firm; **Re**-

newal of family bonds to the firm through dynastic succession; dazu auch Odom et al. 2019, S. 53–54). In jüngster Zeit sind dadurch tatsächlich eine Fülle von Studien angestoßen worden, die versuchen, zu belegen, dass in allen Fällen, in denen die Eignerfamilie ihren unternehmerischen Einfluss aufrechterhalten konnte, dieser dazu genutzt wird, den nichtökonomischen Zielen zum Durchbruch zu verhelfen – ein Umstand, der in der Regel auf lange Sicht die Ertragskraft des Unternehmens schädigt (einen Überblick über diese Forschungsanstrengungen geben Neacsu et al. 2017). Diese nachteiligen Konsequenzen betreffen die Innovationsfähigkeit, die Möglichkeiten zu einer risikoadäquaten Diversifikation der unternehmerischen Aktivitäten, die Rekrutierung geeigneter Führungskräfte, die wettbewerbsfähige Allokation von Ressourcen, um die vorhandenen Wachstumschancen wirksam auszuschöpfen, und Ähnliches. Um solchen Entwicklungen vorzubeugen, wird die konsequente Implementierung jener Governancemechanismen erforderlich, wie sie in der Forschungstradition der Principal-Agent-Theorie erarbeitet worden sind.

Es zählt zu den bislang noch wenig hinterfragten Glaubenssätzen des SEW-Ansatzes, dass die Verfolgung nichtökonomischer Zielsetzungen, die dem primären Interesse der Unternehmerfamilie entspringen, in einem unmittelbaren Gegensatz zur Fokussierung auf die Ertragskraft des Unternehmens steht. Diese Grundüberzeugung entspricht zur Gänze den Annahmen der Principal-Agent-Theorie. Je ungebremster sich der Einfluss der Unternehmerfamilie auf die Entwicklung des Unternehmens entfalten kann, umso wahrscheinlicher ist es, dass dieser Einfluss zulasten der Leistungsfähigkeit des Unternehmens geht.

Inzwischen gibt es jedoch ausreichende empirische Evidenz, dass dem nicht so ist. So zeigt eine Studie, die speziell mit langlebigen deutschen Familienunternehmen durchgeführt wurde, wie sehr diese ihren mehrere Generationen überspannenden wirtschaftlichen Erfolg mit der Aufrechterhaltung der Wesensmerkmale familiengeführter Unternehmen verbinden konnten und wie die Mitglieder der Inhaberfamilien genau aus diesem Umstand eine für sie ganz wichtige »emotionale Zusatzdividende« gewinnen konnten (Weber 2008). Es ist unbestritten, dass dieser emotionale Zusatzgewinn, den die Unternehmerfamilie aus dem Erfolg ihres Unternehmens ziehen kann, eine zentrale Quelle für das Aufrechterhalten ihrer unternehmerischen Energie darstellt. Letztlich ist es jedoch gerade die Einbettung der wirtschaftlichen Dimension der Unternehmensentwicklung in eine nichtökonomische, dem familialen Background entnommene Wertebasis, die diese Unternehmen auf längere Sicht auch wirtschaftlich besonders erfolgreich macht (vgl. Wimmer 2021, aber auch die ganze Diskussion um die einzigartigen Ressourcen dieser Unternehmen; beispielhaft Sirmon/Hitt 2003 und Rau 2014). Dieses synergieerzeugende Zusammenspiel zwischen nichtökonomischen und unmittelbar wirtschaftlichen Zielsetzungen, ein Umstand, der direkt das Resultat einer breiter angelegten Sinnfundierung unternehmerischen Handelns ist, kommt mit dem Denkrepertoire des SEW-Ansatzes nicht in den Blick (so auch Shukla et al. 2014, S. 114).

Immerhin gibt es Autoren, die konzedieren, dass die allgemein beobachtbare Priorisierung nichtökonomischer Zielsetzungen in der Regel nicht dazu führt, dass die Inhaber ihr Unternehmen in die Insolvenz schlittern lassen (Chrisman/Patel 2012). »The authors argue that when performance doesn't meet aspirations, the SEW goals will become less important for family owners, making them more myopic in their strategic decision-making« (Neacsu et al. 2017, S. 152). Insofern braucht der »Vorrang« von SEW-Zielen wohl ein wirtschaftlich gesundes Unternehmen, was wohl nur dann zu erwarten ist, wenn dieses konstant im Zentrum der unternehmerischen Aufmerksamkeit der Eignerfamilie wie auch der Führungsverantwortlichen an der Spitze des Unternehmens steht. Was dieser Zusammenhang für die Weiterentwicklung der Theoriekonzeption des SEW-Ansatzes bedeutet, bleibt zurzeit noch im Dunkeln: »a more fine-grained theoretical and empirical research is still necessary« (Neacsu et al. 2017, S. 154). Dem kann man nur beipflichten.

2.4 Eine systemtheoretische Perspektive auf die Eigenart von Führung und Organisation von Familienunternehmen

Die kurze Rekonstruktion verschiedener Theorieperspektiven auf Familienunternehmen hat gezeigt, dass diese auf einem Set von Annahmen beruhen, die rund um die Interessen und Motivlagen der handelnden Akteure kreisen. Akteure sind hier individuelle Rolleninhaber (Eigentümer, Manager) bzw. Familien in ihrer Funktion als Eigner am Unternehmen, die dasselbe für ganz spezifische Zwecke und Interessen nutzen wollen. Das Unternehmen als soziale Einheit kommt bei diesen Theoriekonstruktionen lediglich in einem instrumentellen Sinne vor, als ökonomische Realität, die im Ergebnis dem einen oder anderen der beteiligten Akteure einen Nutzen stiftet. Lediglich beim Stewardship-Ansatz ist dieser rein instrumentelle Stellenwert des Unternehmens nicht gegeben. Ansonsten ist in dieser wirtschaftswissenschaftlichen Denkwelt das Unternehmen als kollektiver Akteur, als eigenständige Überlebenseinheit mit einer spezifischen hochkomplexen Eigendynamik kein eigenes Thema. Diese Realitätsdimension bleibt gleichsam im blinden Fleck der Beobachtung. Ähnliches gilt für das Phänomen Führung. Dieses wird als ein Set an persönlichen Eingriffsmöglichkeiten konzipiert, die den Akteuren zur Verfügung stehen, um das Geschehen im Unternehmen in Richtung des persönlichen Nutzens zu lenken. Die hier in aller Kürze rekonstruierten Prämissen für Führung und Organisation sind eins zu eins in die Prinzipien des Shareholder-Value-Ansatzes eingeflossen (dazu vgl. insbesondere Rappaport 1999), der über viele Jahre das Denken über Sinn und Zweck von Führung und Management dominiert hat. Erst in jüngster Zeit mehren sich die Zweifel an den Erfolgsversprechungen, die mit diesen Prinzipien verbunden wurden (Wimmer 2021).

Es ist die These des hier vorliegenden Buches, dass mit den erkenntnisleitenden Grundüberzeugungen der heute dominierenden wirtschaftswissenschaftlichen Forschung wesentliche Dimensionen der Eigenart von familiengeführten Unternehmen nicht in den Blick kommen. Dieses Erkenntnisdefizit wird inzwischen von Teilen der Familienunternehmensforschung ganz ähnlich beschrieben (vgl. etwa Sharma et al. 2014b). Um dieses Defizit bearbeitbar zu machen, braucht es Theoriezugänge, die die eigentümliche Koevolution einer Familie auf der einen Seite und einer Organisation in der Form eines Unternehmens auf der anderen Seite in der erforderlichen Komplexität dieser Systemkoppelung zu sehen bekommen. Will man also diese spezifische Systemqualität organisierter wirtschaftlicher Akteure (sprich Organisationen) in ihrem engen Zusammenspiel mit einer Familienkonstellation adäquat beschreibbar machen, dann ist es naheliegend, auf eine Reihe aus der neueren Systemtheorie gewonnener Denkfiguren zurückzugreifen, die in den zurückliegenden drei Jahrzehnten speziell das Verständnis von Führung und Organisation angereichert haben (ausführlicher dazu Wimmer 2012). Dieses Theorierepertoire hat sich in der Zwischenzeit gerade für das Erfassen der Besonderheiten von Familienunternehmen und ihrer spezifischen Funktion in unserem Wirtschaftssystem außerordentlich bewährt (im Detail Wimmer 2021 sowie Frank et al. 2010, von Schlippe 2013 und Simon 2012).

Wie bereits betont, handelt es sich bei familiengeführten Unternehmen in vielerlei Hinsicht um einen ganz eigenständigen Typus von Wirtschaftsorganisationen, der sich in den zurückliegenden 250 Jahren, auf dem Weg in die Moderne, weltweit in einer großen Vielfalt an Erscheinungsformen als eigene Spielart kapitalistischen Wirtschaftens gefestigt und bis heute als überaus lebensfähig behauptet hat (vgl. Colli 2003, Berghoff 2016 sowie James 2006). Diese identitätsbestimmenden Besonderheiten hängen im Kern damit zusammen, dass es sich bei den Kapitaleignern des Unternehmens um eine oder mehrere miteinander verbundene Familien handelt. Mit dem Unternehmen auf der einen Seite und der Eignerfamilie auf der anderen Seite sind zwei absolut unterschiedliche soziale Systeme in einer generationenübergreifenden Langzeitperspektive existenziell miteinander verbunden. Diese strukturelle Koppelung stimuliert eine Koevolution, die lange Zeiträume im Blick hat, in der sich beide Seiten in ihrer Identität wechselseitig hervorbringen, kontinuierlich verändern und immer wieder neu stabilisieren (zu diesem Konzept der Koevolution vgl. Wimmer et al. 2018). In diesen Entwicklungsprozessen wird das Unternehmen im Zuge seines Wachstums angeregt, Strukturen und Prozesse, spezifische Ressourcen und organisationale Fähigkeiten auszuprägen, die insgesamt eine familiale »Einfärbung« aufweisen – ein Phänomen, das in der Literatur gerne als »Familiness« bezeichnet wird (vgl. dazu etwas Habbershon et al. 2003). Damit entsteht ein eigener Organisationstypus mit einer komplementären Führungspraxis, der bislang in der Organisationsforschung noch keine angemessene Beachtung gefunden hat.

Gleichzeitig bringt diese Koevolution auf der Eigentümerseite einen eigenen Typus von Familie hervor, eine Familienform also, die dadurch geprägt ist, dass die Familie neben ihren angestammten familientypischen Entwicklungsherausforderungen zusätzlich die unternehmerische Verantwortung für eine Firma zu bewältigen hat. Diese an sich familienfremden Entscheidungslasten lassen im Zeitverlauf eine charakteristische Ausprägung von Familie wachsen, die als »Unternehmerfamilie« – zurecht als Familie sui generis – betrachtet wird (vgl. von Schlippe et al. 2017, Kleve/Köllner 2019 sowie Wimmer/Simon 2019. Wir treffen hier also auf einen Entwicklungskontext, der im Laufe der Zeit auf beiden Seiten zu einer zunehmenden Komplexität führt, da sich sowohl das Unternehmen als auch die Familien- und Eigentümerkonstellation verändern und diese zusätzlich in einer komplexitätssteigernden Wechselwirkung zueinanderstehen. Die Denkfigur der Koevolution von Unternehmen und Unternehmerfamilie ermöglicht es, genau diese zeitlich bedingte Veränderungsdynamik in der strukturellen Kopplung der beiden Systeme ins Kalkül zu bringen, um zu sehen, wie die Komplexitätszuwächse in den jeweiligen Systemen bewältigt werden und wie sie sich wechselseitig zu weiteren Veränderungen stimulieren (zu diesen korrespondierenden Komplexitätszuwächsen und ihren Folgen vgl. Gimeno Sandig 2021 und zur Relevanz der zeitlichen Dimension für das Verständnis von Familienunternehmen vgl. Sharma et al. 2014a). Um diesen Komplexitätsverhältnissen angemessen begegnen zu können, benötigt es ein geeignetes Theorierepertoire, wie es aus unserer Sicht die neuere Systemtheorie bereithält (im Sinne einer Einführung vgl. Luhmann 2020).

Aus dieser Theorieperspektive sind Organisationen wie auch Familien in der uns heute vertrauten Form ein Produkt der Moderne, d.h. ein Ergebnis des gesellschaftlichen Strukturwandels, der sich speziell in Europa seit dem 18. Jh. vollzogen hat (Luhmann 2000, bzw. 1990a und 1997). Im Prozess der Ausdifferenzierung und Verselbstständigung gesellschaftlicher Funktionsbereiche wie der Wirtschaft, der Politik, des Rechts, des Bildungs- und Gesundheitswesens etc. sind in all diesen Feldern spezielle Organisationen entstanden: Unternehmen in der Wirtschaft, politische Parteien sowie die öffentliche Verwaltung im Bereich der Politik; Schulen, Spitäler, Gerichte, Universitäten in anderen Funktionsbereichen. Sie sind darauf spezialisiert, unsere Gesellschaft mit lebenswichtigen Leistungen zu versorgen, zu deren Erbringung es arbeitsteilig organisierter kollektiver Akteure bedarf, die in der Lage sind, die dafür erforderlichen Ressourcen zu mobilisieren und zu bündeln. Unsere heutige Gesellschaft fußt in ihrer Funktionsweise auf einem extrem eigensinnig operierenden und damit auch störungsanfälligen Netz an unterschiedlichsten Organisationen, die ihren Existenzgrund daraus gewinnen, für ihre relevanten Umwelten stets in einem komplexen, netzwerkbasierten Zusammenspiel mit anderen geeignete Problemlösungen bereitzustellen, in diesem Sinne also »wertschöpfend« tätig zu werden. Die Existenzberechtigung von Organisationen jedweden

Zuschnitts liegt also in ihrer Fähigkeit, für ihre Abnehmer, Kunden, Zielgruppen Leistungen anzubieten, die für diese tatsächlich eine »wertschaffende« Lösung darstellen. Dass diese Wertschaffung ganz häufig nur sehr, sehr bedingt gelingt, liegt unter anderem am spezifischen Eigensinn dieser kollektiven Akteure.

Die für diese Leistungsfähigkeit erforderliche Organisationsförmigkeit zeigt sich unter anderem in der Ausprägung spezifischer Mitgliedschaftsrollen, in denen die primär aufgabenbezogenen Verhaltenserwartungen an die Beschäftigten konditioniert werden. Dazu zählt auch die Erwartung an Mitgliedschaft, die hierarchiegeprägten Steuerungs- und Koordinationsmechanismen so gut es geht zu akzeptieren. Organisationen sind in diesem Verständnis ausgesprochen eigensinnige, sich selbst organisierende, hochkomplexe soziale Entitäten, die ihre für sie konstitutiven Umwelten ständig nach Gelegenheiten abtasten, um durch das Aufgreifen von »Ungelöstem«, durch die gelungene Bearbeitung von an sich unvereinbaren Zielkonflikten das eigene Weiterexistieren wahrscheinlicher zu machen. Dieser eigensinnige Modus der Selbstreproduktion, die in einer kontinuierlichen Verkettung von Entscheidungsprozessen erfolgt, verbietet es, Organisationen als bloße Werkzeuge in der Hand organisationsextern gedachter Entscheidungsträger (wie bei der Principal-Agent-Theorie) zu konzipieren. Organisationen sind sich selbst gegenüber Zweck und Mittel zugleich. Sie gewinnen ihren Existenzgrund mit Blick auf die für sie relevanten Umwelten, die sie gleichzeitig für eine kontinuierliche Erneuerung ihrer Selbstzweckhaftigkeit nutzen.

»Was tut nun ein Manager in einem sich solchermaßen selbstorganisierenden System?« (Luhmann 1990b). Luhmann konnte auf diese von ihm selbst gestellte Frage keine zufriedenstellende Antwort geben. Die Proponenten der systemtheoretisch fundierten Organisationstheorie haben sich mit dem Phänomen Führung und Management durchgängig schwergetan (ausgenommen Baecker 2008 und 2011 sowie Wimmer 2009 und 2012). Einen ganz eigenständigen Theoriestrang repräsentiert in diesem Zusammenhang das St. Galler Managementmodell (den aktuellen Stand dazu bieten Rüegg-Stürm/Grand 2020). Das systemtheoretisch fundierte Verständnis von Führung setzt an dem schon geschilderten Verhältnis von Organisationen zu ihren relevanten Umwelten an. Organisationen sind in den Fortsetzungsbemühungen ihrer historisch gewachsenen Identität darauf angewiesen, dass ihre Leistungen tatsächlich eine Lösung für die in ihrer Umwelt aufgegriffenen Problemlagen darstellen. Diese »Passung« ist nicht zuletzt deshalb ständig gefährdet, weil Organisationen dazu neigen, sich in ihrer Eigendynamik primär mit sich selbst zu beschäftigen und ihre Umweltwahrnehmungen genau auf diese Tendenz auszurichten. Exakt an diesem Dilemma setzt die Funktion von Führung an.

In einem systemtheoretischen Verständnis von Organisationen kann man davon ausgehen, dass diese in ihrem Inneren eine eigene Funktion ausdifferenzieren, die darauf spezialisiert ist, die Leistungsfähigkeit als Gesamtsystem speziell mit Blick auf ihre relevanten Umwelten im Auge zu haben.

Organisationen prägen ein eigenes Aufmerksamkeitspotenzial und die damit verbundenen Verantwortlichkeitszuordnungen aus, die diese selbst im Hinblick auf die Frage im Blick haben, wie es um die eigene Funktionstüchtigkeit als Organisation bestellt ist, vor allem ob und wie die eigene Antwortfähigkeit auf die speziellen Herausforderungen in den relevanten Umwelten gesichert und (wenn erforderlich) weiterentwickelt werden kann. Genau diese organisationsinterne Verantwortungsdimension nennen wir Führung (Baecker 2008). Die Wahrnehmung dieser Funktion sowie die Bearbeitung der damit verbundenen Entscheidungserfordernisse sorgt dafür, dass das System kontinuierlich mit den notwendigen lebenswichtigen Entwicklungsimpulsen versorgt wird. Führung in diesem Sinne passiert also primär von außen nach innen (vgl. Baecker 2008). Sie sorgt dafür, dass es organisationsintern zu realitätsangemessenen Einschätzungen der externen Gegebenheiten – speziell der charakteristischen Problemlagen der Abnehmer der eigenen Leistungen – kommt und dass daraus geeignete Orientierungen und Impulse für die Gestaltung der internen Strukturen und Prozesse gewonnen werden. Mit anderen Worten ist es die Kernaufgabe von Führung die existenzbegründenden Komplexitäten im Inneren wie im Außen und die damit unweigerlich verbundenen Ungewissheiten bearbeitbar zu machen, d. h. Unsicherheiten erfolgreich in orientierungsstiftende Routinen zu verwandeln und – wenn erforderlich – diese wieder aufzulösen und durch neue zu ersetzen. Durch diese kontinuierlich erbrachte Leistung der Unsicherheitsbearbeitung erzeugt Führung genau jenen Mehrwert in Organisationen, der die operativ Tätigen entlastet und ihnen den Rücken freihält, um sich im Zusammenspiel mit anderen voll ihren fachlichen Aufgabenfeldern widmen zu können.

Führung ist somit jener Teilaspekt, jenes organisationale Vermögen (verstanden als »Organizational Capability«) eines sich selbst arbeitsteilig organisierenden, sich selbst ständig neu erzeugenden Systems, das dieses selbst zum Gestaltungsgegenstand hat und zur Aufrechterhaltung seiner Funktionsfähigkeit dieses laufend mit Soll-Ist-Differenzen, also mit »Störungen« versorgt (dazu Baecker 2011). Damit konstituiert sich in Organisationen eine letztlich existenzsichernde Arbeitsteilung zwischen jenen, die sich vornehmlich auf ihre operativen Fachaufgaben konzentrieren können, und jenen, deren primäre Aufgabe und Verantwortung es ist, in einer gewissen Distanz zum operativen Geschäft auf die Funktionstüchtigkeit des jeweiligen Gesamtzusammenhangs zu achten.

Diese Arbeitsteilung, wie immer sie im Einzelfall konkret organisiert wird, richtig produktiv zu halten, ist für jede Organisation ein ständiger Balanceakt. Ihre konkrete Ausgestaltung, die praktische Ausdifferenzierung von Führungsstrukturen und Führungsprozessen, die Präzisierung der damit verbundenen Verantwortungsbereiche und

Entscheidungskompetenzen, die Kooperationserfordernisse in horizontaler und vertikaler Hinsicht – all diese Festlegungen sind eng mit dem gewählten Organisationsdesign verknüpft. Dieses Design spiegelt immer die internen Vorstellungen der Organisation darüber wider, wie sie den externen Anforderungen sowohl jetzt als auch in Zukunft gerecht werden kann (vgl. Nagel 2017).

Organisation und Führung sind in diesem Sinne zwei Seiten ein und derselben Medaille (Wimmer 2009). Führung als Funktion ist in diesem Verständnis ein unverzichtbares Moment der Selbstreproduktion von Organisationen. Sie kann im Einzelfall mehr oder weniger gut strukturiert sein bzw. praktiziert werden. Ihre konkrete Ausprägung kann sich stärker an der Ausdifferenzierung streng unterschiedener Hierarchieebenen orientieren oder mehr in Form von lateralen Kooperationszusammenhängen (d. h. eher teamförmig) organisiert sein. In jedem Fall benötigt sie an den dafür ausgewiesenen Stellen geeignete Funktionsinhaber, die mit ihren Fähigkeiten den ihnen überantworteten Führungsaufgaben auch gerecht werden. Klar ist, diese Funktion wird an exponierten, unter intensiver Beobachtung stehenden Stellen im System wahrgenommen und nicht als etwas, das quasi von außen auf die Organisation einwirkt. Führung hat es in diesem Sinne also immer mit sich selbst zu tun. Sie nimmt Einfluss auf Verhältnisse und soziale Dynamiken, die sie selbst immer schon mitproduziert hat. Sie operiert also grundsätzlich mit zirkulären rückbezüglichen Wirkungsbeziehungen. Deshalb führt das naturwissenschaftliche Kausalitätsverständnis in solchen Komplexitätsverhältnissen auch zu keinen brauchbaren Erkenntnissen. Gefragt ist ein elaborierter Blick auf Realitäten, deren Dynamik aus dem organisierten Zusammenwirken von autonomen Akteuren (Individuen wie sozialen Einheiten) gespeist wird, die sich ihre Autonomie wechselseitig in Rechnung stellen. Demzufolge hat man im Führungsgeschehen bei allen zielgerichteten und sorgfältig »geplanten« Gestaltungsbemühungen die Bedingungen für ein erfolgreiches Wirksamwerden nie vollständig in der Hand. Führung ist so letztlich auf gelingende Kommunikation zwischen selbstverantwortlichen Akteuren angewiesen, in der es immer wieder darum geht, miteinander auszuhandeln, was es in den jeweiligen Einheiten bzw. mit Blick auf das soziale Ganze braucht, um die erforderliche Funktionstüchtigkeit aufrechtzuerhalten.

Das hier in aller Kürze vorgestellte Führungs- und Organisationsverständnis betrachtet Führung als eine spezifische Funktion im Reproduktionsgeschehen von Organisationen. Als solche realisiert sie sich im alltäglichen Kommunikations- und Entscheidungsgeschehen, in denen die diesbezüglichen Aufgabenstellungen prozessiert werden. Diese organisationstheoretisch begründete Perspektive unterscheidet sich grundlegend vom Mainstream der Führungsforschung, der Führung als ein Phänomen sieht, das in erster Linie etwas mit den handelnden Führungspersonen zu tun hat, entweder als Ausdruck ihres besonderen Charismas oder als Bündel aus Begabungen und lebensgeschichtlich erworbenen Kompetenzen (Genaueres dazu Böhmer 2014). Führung realisiert sich hier als gestaltende Einflussnahme von Persönlichkeiten auf ihr organisationales Umfeld, eine Einflussnahme, mit der sie versuchen, dieses Umfeld für die Erreichung ihrer Ziele zu formen. Dieses primär an Personen und ihrem Tun festgemachte Führungsverständnis dominiert nach wie vor den Führungsalltag in den allermeisten Organisationen. Weil dieses Denken die handelnden Akteure so unmittelbar mit einer besonderen persönlichen Bedeutung auflädt, ist es so unglaublich schwer, sich von dieser unterkomplexen, die meisten Verantwortungsträger letztlich überfordernden Sichtweise zu verabschieden.

Blickt man nun auf das spezifische Führungsgeschehen in familiengeführten Unternehmen, dann bietet sich ein an persönlichen Merkmalen festgemachtes Führungsverständnis geradezu an. Solche Unternehmen haben in der Regel familiale Grundmuster in ihr Binnengeschehen inkorporiert. Nun sind Familien soziale Systeme, die sich über ein Kommunikationsgeschehen reproduzieren, das primär um die höchstpersönlichen Belange ihrer Mitglieder gebaut ist. Luhmann spricht hier deshalb von Intimkommunikation (ders. 1990a). Das ist ein Kommunikationsmodus, in dem normalerweise das Höchstpersönliche ihrer Mitglieder und all die Themen, die darauf einzahlen, im Zentrum stehen. Angesichts des Umstandes, dass unter patriarchalen Verhältnissen familiale Muster das Führungsgeschehen prägen, darf es nicht überraschen, dass mentale Modelle, die das Führungsgeschehen im Unternehmen in erster Linie an persönlichen Qualitäten festmachen und dabei mit klassischen familialen Autoritätsvorstellungen operieren, auch in diesem Unternehmenstyp so unmittelbar anschlussfähig sind. Diese Koinzidenz einer Mainstream-Führungsdenke mit den spezifischen Führungsmustern in Familienunternehmen soll allerdings in der vorliegenden Arbeit nicht verstärkt werden. Sie würde uns den Weg zu wichtigen Einsichten verstellen. In diesem Sinne besteht die besondere Herausforderung darin, gerade die ausgeprägte Personenorientierung in familiengeführten Unternehmen als Ausdruck dieses ganz speziellen Organisationstyps beschreib- und verstehbar zu machen. Erst vor diesem Hintergrund kommen alternative Vorstellungen von Führung und Organisation konkret ins Bewusstsein der Verantwortungsträger. Dieses alternative Vorstellungsvermögen ist eine unabdingbare Voraussetzung dafür, wenn es darum geht, sich als Unternehmen wie auch als Unternehmensfamilie auf den Weg in eine postpatriarchale Welt zu machen.

Im nächsten Abschnitt soll deshalb gezeigt werden, welcher Geländegewinn damit verbunden ist, wenn man mit einer systemtheoretischen Brille auf das Führungs- und Organisationsgeschehen von Familienunternehmen blickt, in denen die Einheit von Eigentum, Unternehmensführung und Oberhaupt der Eignerfamilie noch intakt ist und schon aus diesem Grunde die Unternehmerpersönlichkeit einen so immensen Einfluss besitzt.

3 Die prägendsten Merkmale des für Familienunternehmen typischen Führungs- und Organisationsgeschehens

Wie schon erwähnt, findet das konkrete Führungsgeschehen in diesem Unternehmenstyp bis dato in der einschlägigen Forschung keine Beachtung (vgl. auch die diesbezügliche Einschätzung bei Xi et al. 2015, S. 123 f.). Der aktuelle Stand der Leadership-Forschung (von Böhmer 2014 gut auf den Punkt gebracht) bildet für diesen wachsenden Zweig der Scientific Community noch keinen Referenzrahmen. Die im Folgenden vorgestellten Überlegungen entstammen langjährigen Erfahrungen und Fallstudien aus der Beratungs- und Aufsichtsratstätigkeit des Autors bzw. einer Reihe von Dissertationen, die von ihm betreut wurden (z. B. Brückner 2018, Hansen 2020, Lehner 2021; eine ausführliche Beschreibung dieser Führungsdimensionen bezogen auf Familienunternehmen findet sich bei Wimmer et al. 2018, S. 95 ff.).

3.1 Strategische Führung durch unternehmerische Intuition

In ihrer strategischen Ausrichtung entwickeln sich Familienunternehmen, solange sie noch von der Einheit von Eigentum und Führung geprägt sind, bekanntermaßen in enger Auseinandersetzung mit den Eigenheiten der Unternehmerpersönlichkeit an der Spitze, natürlich immer eingebettet in das geschäftspolitische Umfeld, insbesondere das branchenspezifische und regionale, in dem sich dieses Unternehmertum erfolgreich realisiert. Die Forschung hatte bislang Schwierigkeiten damit, genau zu beschreiben, was letztlich erfolgreiche Unternehmer bzw. Unternehmerinnen im Kontext von Familienunternehmen ausmacht.

Unternehmer stützen sich immer auf eine intime Kenntnis der mehr oder weniger verdeckten Spielregeln ihrer Branche und auf ein hohes Einfühlungsvermögen hinsichtlich dessen, was Kunden wirklich brauchen und angesichts der gegebenen Angebotspalette am Markt letztlich oft auch vermissen. Auf dieser Grundlage können sie die am Markt etablierten Mechanismen und Spielregeln ihrer Branche unternehmerisch gezielt ausnutzen, gegebenenfalls auch unterlaufen, Lücken im Sinne von ungedeckten Bedarfen und günstige Gelegenheiten entdecken, technologische Innovationen setzen etc. Durch eine hohe Kontaktintensität zu Schlüsselkunden, zu Lieferanten, zu Mitbewerbern und anderen Unternehmern in der Branche sorgen sie dafür, dass sie permanent am Puls der Entwicklung bleiben, Veränderungen frühzeitig mitbekommen und sich rechtzeitig auf diese einstellen können. Diese Nähe zum relevanten externen Umfeld lässt ein besonderes strategisches Urteilsvermögen entstehen und sorgt für seine laufende Erneuerung. Das daraus gewonnene unternehmerische »Gespür« solcher Persönlichkeiten untermauert strategische Weichenstellungen, deren Treffsicherheit und Weitblick regelmäßig sehr bewundert werden.

Unternehmer können in der Regel auf ein außergewöhnliches persönliches Energiepotenzial zurückgreifen, auf ein Leistungsvermögen und eine Antriebskraft, die ihre Umgebung immer wieder in Erstaunen versetzt und viel Bewunderung mobilisiert. Dieses Energiepotenzial hat viel damit zu tun, dass sie mit großem Einsatz schöpferisch tätig werden, also etwas Bleibendes in die Welt setzen wollen, um persönlich unabhängig und »Herr« der eigenen wirtschaftlichen Existenz zu sein. Dieses ganz persönliche Unabhängigkeitsbedürfnis in Verbindung mit einem unerschütterlichen Gestaltungswillen sind die wesentlichen Triebkräfte von Unternehmenspersönlichkeiten, die sich zudem auch als Haupt einer Unternehmerfamilie sehen.

Sie sind in der Regel über viele Jahre in ihrem Erfahrungsschatz mit ihrem Unternehmen »ganzheitlich« mitgewachsen. Sie sind so mit erstaunlich vielen Details des operativen Geschehens hautnah vertraut und kennen deshalb wie kaum jemand anderer einen erheblichen Teil der unternehmensinternen Prozesse, sie sind durch das eigene intensive Engagement in viele Entscheidungen involviert und können deshalb gut abschätzen, was in der jeweiligen Situation intern machbar ist und was nicht.

Diese außergewöhnliche Nähe zum Kunden und zum unternehmensinternen Geschehen sorgt für eine ständig mitlaufende Verfeinerung ihres Einschätzungsvermögens und für eine Festigung jener Faustregeln, mit deren Hilfe sie schnell und mit minimaler Information ein Problem identifizieren und realistische Lösungen anstoßen.

Diese Art von unternehmerischer Intuition fußt also auf einer menschlichen Begabung, die durch lange Übung zu einer außergewöhnlichen Fähigkeit geworden ist, die dem Akteur verfügbar ist, ohne dass er sie genauer beschreiben oder erklären könnte. Solche einmal aufgebaute Fähigkeiten stehen den Betroffenen »quasi natürlich zur Verfügung und ermöglichen schnelle und einfache Lösungen für komplexe Probleme« (Gigerenzer 2008, S. 27). Die besondere Intelligenz des intuitiven Vorgehens liegt genau darin, dass Entscheider, ohne viel zu denken und sich mit anderen lange auszutauschen, wissen, welche Lösung in welcher Situation vermutlich funktionieren wird. Dies führt zu einer Grundhaltung, die von der betroffenen Umgebung üblicherweise als autokratisch bezeichnet wird. Dass hinter diesem impliziten Wissen – vielfach gerne auch als unternehmerisches »Bauchgefühl« bezeichnet – eine auf viel Erfahrung und Fleiß beruhende, unbewusste Intelligenz steckt, die auch verloren gehen kann, erschließt sich den meisten Beobachtern nicht auf den ersten Blick (zu den Vor- und Nachteilen dieses Musters der Strategieentwicklung vgl. ausführlicher Nagel/Wimmer 2014, S. 29 ff.).

In der Wahrnehmung anderer wird diese unternehmerische Urteilsfähigkeit und Entscheidungskraft zumeist noch durch den Umstand untermauert, dass es sich bei diesen Führungsverantwortlichen in der Regel auch um die Haupteigentümer des Unternehmens handelt. Diese Verbindung von unternehmerischem Gespür, Eigentümerrolle und oft auch persönlicher Haftung verschafft den strategischen Weichenstellungen der Unternehmensspitze vielfach eine ganz außergewöhnliche Legitimation, die in ihrem Umfeld zu einer fraglosen Akzeptanz der Entscheidung beiträgt. Dieses Umfeld entwickelt durch diesen Mechanismus (weder in der Familie noch im Unternehmen selbst) im Gegenzug aber auch keine eigene Strategiekompetenz.

Im Wechselspiel mit diesem unternehmerischen Fähigkeitspotenzial und der damit ermöglichten Zukunftsgewissheit prägen sich unternehmensintern im Lauf der Jahre Organisations- und Führungsverhältnisse aus, die eine kongeniale Ergänzung zum Unternehmer darstellen. Mit ein Ergebnis dieses Wechselspiels ist die spezifische Art und Weise, wie diese unternehmergeführten Unternehmen im Normalfall wachsen.

3.2 Wachstumsschritte sind kundengetrieben

Üblicherweise sind die Bewältigungsstrategien von Wachstumsanforderungen in solchen Unternehmen von den Erfahrungen der Pionierzeit geprägt. Das Unternehmen ist Schritt für Schritt mit den zunehmenden Anfragen seitens der Kunden mitgewachsen, d. h., die Kunden setzen letztlich die entscheidenden Wachstumsimpulse. Zunehmende Aufträge, veränderte Anforderungen, neue mit den Kunden entwickelte technologische Lösungen erhöhen den Anspannungsgrad der vorhandenen unternehmensintern aufgebauten Kapazitäten. Getrieben von dem dadurch erzeugten, nicht mehr zu leugnenden Anspannungsgrad wächst das Unternehmen organisch um die oft improvisierte Lösung der je aktuellen Kapazitätsengpässe herum. Bewährte Leistungsträger bekommen dann neue Aufgaben hinzu. Jüngere Potenzialträger werden in komplexere Aufgabenfelder nachgezogen, sodass man durch das periodische Andocken von überwiegend Berufseinsteigern, die im eigenen Betrieb ausgebildet werden, im Wesentlichen das Auslangen finden kann. Das Rekrutieren von bereits hoch qualifizierten Quereinsteigern wird so vermieden. Organisatorisch werden diese auftragsgetriebenen Wachstumsanforderungen durch interne Zellteilung bewältigt. Um vertraute, erfahrene Leistungsträger herum entstehen (so erforderlich) neue Einheiten, die ihrerseits in einem pionierhaften Engagement mit hohem persönlichem Einsatz das Leistungsvermögen des Unternehmens insgesamt erweitern und eine gewisse Spezialisierung im Know-how-Aufbau ermöglichen.

In diesem Wachstumsmuster steckt eine hohe Erfolgswahrscheinlichkeit. Es fußt auf der Nutzung und Weiterentwicklung der bislang schon aufgebauten Kernkompetenzen. In der Regel wird Neues aus der Rufweite dessen, was man bereits beherrscht, aufgegriffen und konsequent in die Tat umgesetzt. Das Unternehmen wächst so in einer gesunden Verknüpfung von Innovation und Tradition (dazu gleich etwas ausführlicher der nächste Abschnitt). Dieses Wachstumsmuster vermeidet außerdem unkalkulierbare unternehmerische Risiken. Es werden ja keine kostenproduzierenden Kapazitäten aufgebaut, die nicht weitestgehend durch bereits bestehende oder konkret erwartbare Kundenaufträge gedeckt sind. Kapazitätserweiternde Investitionen erfolgen so zumeist reaktiv. Man kann davon ausgehen, dass sie sich rechnen werden. Dieses Muster folgt der Logik organischen Wachstums angetrieben von konkreten Auftragschancen, die die vorhandenen Ressourcen regelmäßig überfordern und deshalb eine Erweiterung erforderlich machen. Diese Erweiterungen erfolgen aber in einem Ausmaß, das den hohen Anspannungsgrad knapper Ressourcen bei allen weiter aufrechterhält.

Dieser reaktive, eher vorsichtige Umgang mit Wachstumschancen vermeidet in der konjunkturellen Aufschwungphase überhitzte Wachstumsschritte, die dann im zyklisch zu erwartenden Abschwung regelmäßig radikale Restrukturierungsmaßnahmen und Kapazitätsanpassungen erzwingen würden. Auf diese Weise schaffen Familienunternehmen wesentlich stabilere Personal- und Organisationsverhältnisse, die nicht immer wieder weitreichende Changeprogramme über sich ergehen lassen müssen (dazu auch Hack 2009, S. 10).

Dieses in der Tendenz eher evolutionäre Entwicklungsmuster zeigt sich auch im Umgang mit Diversifikationsherausforderungen. Wenn diese Unternehmen diversifizieren, dann tun sie das entlang ihrer Kernkompetenzen, die im Laufe der Entwicklung in ganz neuen Produktfeldern und Märkten zur Entfaltung gebracht werden. Dieses geschäftliche Entwicklungsmuster lässt die Steuerbarkeit der damit einhergehenden Vielfalt und Komplexität unternehmensintern organisch mitwachsen (bekannte Beispiele dafür sind etwa Freudenberg, Gore). Selten diversifizieren Familienunternehmen über Zukäufe, die nicht in einem engen strategischen Zusammenhang mit den bereits bestehenden Geschäften stehen. Ähnlich gestalten sich ihre Internationalisierungsstrategien, die auch von dem Prinzip geleitet sind, unkalkulierbare Risiken zu vermeiden und die Managementanforderungen beherrschbar zu halten (dazu im Detail Pukall/Calabro 2014).

3.3 Ein ständig mitlaufendes, inkrementelles Innovationsgeschehen

Blickt man auf die Innovationspraxis familiengeführter Unternehmen, so erschließt sich diese dem außenstehenden Beobachter nicht auf den ersten Blick. Nicht zuletzt deshalb wird diesen Unternehmen gerne eine ausgeprägte Neigung zu einer gefährlichen Pfadabhängigkeit attestiert, die auf längere Sicht gesehen zu ihrer Existenzgefährdung beiträgt. Erst ein genaueres Hinsehen eröffnet einen angemessenen Zugang zu der Frage, welche spezifische Bedeutung einem ganz bestimmten Erneuerungsgeschehen für ihre längerfristige Überlebenssicherung zukommt und wie dieses im Alltag angestoßen und realisiert wird (vgl. dazu ausführlicher Kammerlander/Prügl 2016). Die Impulse für Neuerungen entstehen zumeist durch Begegnungen im persönlichen Netzwerk der Inhaber und anderer Schlüsselspieler im engeren Umfeld derselben. Dem unternehmerischen Spürsinn der Spitze kommt in diesen Prozessen vielfach eine ganz besondere Bedeutung zu, wobei die wohl wichtigsten Anregungsquellen zweifelsohne die eigenen Kunden sind. Die große Nähe zu diesen schafft immer wieder Anstöße, um das eigene Leistungsangebot zu verbessern oder auch ganz neue Lösungen zu entwickeln. Neben den Kunden können auch die laufenden Kontakte zu anderen Stakeholdern (wie Lieferanten, Kooperationspartner etc.) wichtige Inspirationen liefern. Familienunternehmen sind in ihrer ganzen Existenzsicherung darauf ausgerichtet, dass es ihnen gelingt, ihre herausragende Bedeutung und besondere Werthaltigkeit, die sie für ihre externen Kooperationspartner darstellen, laufend unter Beweis zu stellen und zu erneuern. Die damit verbundene spezifische Sensibilität für Veränderungsimpulse von außen sorgt dafür, in den überlebenswichtigen Geschäftsbeziehungen im eigenen Ökosystem laufend nach Möglichkeiten zu suchen, durch eigene Verbesserungen stabile Win-win-Beziehungen aufrechtzuerhalten. In diesem Sinne bieten die persönlichen Netzwerke sich wiederholende Beobachtungsgelegenheiten (wie z. B. auf Messen und anderen Branchentreffs), die – eine entsprechende unternehmerische Neugierde vorausgesetzt – als vertraute Quellen für Erneuerungsimpulse fungieren sowohl die eigenen Produkte und Dienstleistungen betreffend als auch hinsichtlich der wesentlichen Prozesse und Technologien im eigenen Unternehmen.

Solche Impulse fließen unmittelbar ins operative Geschäft ein. Sie lassen sich in ihrer Umsetzung in der Regel mit den Anforderungen des Tagesgeschäftes ohne allzu große Ablenkung von demselben verbinden. Wenn sie eine größere Reichweite besitzen, benötigen sie natürlich die Mitwirkung der Unternehmensspitze. Mit Blick auf die Realisierung gibt es durchgängig eine klare Präferenz für Innovationen, die in einem überschaubaren Zeitraum und mit einem kalkulierbaren Aufwand umgesetzt werden können. Selten braucht es dafür eine eigens eingerichtete Umsetzungsorganisation, die explizit neben die Steuerung des Tagesgeschäftes tritt. Das gute Verhältnis zu den Kunden macht es leichter, frühzeitig Rückmeldungen einzuholen und diese bei der Veränderung zu berücksichtigen. Die Verantwortung für die Innovationen liegt in enger Abstimmung mit der Spitze jeweils bei jenen, die für das betroffene Thema auch operativ zuständig sind. Dies sorgt für realitätsgerechte Lösungen und für eine rasche Realisierung.

Viele mittelständisch geprägte Familienunternehmen verfügen für ihr Innovationsgeschehen über keine expliziten F&E-Abteilungen. Die direkt für Innovationsprozesse dauerhaft vorgesehene Ressourcenausstattung ist üblicherweise sehr gering. Deshalb sind Familienunternehmen in Branchen, in denen das Geschäftsmodell unmittelbar auf einer hohen Forschungsintensität beruht, eher seltener anzutreffen. Diese geringe explizite Investitionsneigung entspricht der sprichwörtlichen Sparsamkeit dieses Unternehmenstyps. Investiert wird erst, wenn die mit einer Produktinnovation erwarteten Kundenaufträge absehbar sind. Trotz dieses geringen vorweg bereits budgetierten Innovationsaufwandes ist die Innovationsrate bei Familienunternehmen deutlich höher als bei Nichtfamilienunternehmen, ein Umstand, der die Forschung schon seit Längerem in Erstaunen versetzt (dazu Duran et al. 2016 sowie De Massis et al. 2018). Offensichtlich führt die für Familienunternehmen ganz allgemein gegebene Verknappung von Ressourcen zu einer höheren und in der Umsetzung effizienteren Rate an Innovationen – allerdings Innovationen eines ganz bestimmten Typs.

Denn blickt man auf den Grad der Innovationen, so zeigen alle einschlägigen Studien, dass familiengeführte Unternehmen ihren Schwerpunkt eindeutig auf inkrementellen Innovationen haben. Es handelt sich um Verbesserungen des Bestehenden unter Nutzung und Weiterentwicklung des vorhandenen Wissens. Dies gilt auch für Geschäftsmodellinnovationen, die vorhandene Möglichkeiten klug ergänzen und damit eine andere Qualität an Kundennutzen generieren (dazu Heider et al. 2021). Die in ihrer DNA fest verankerte Präferenz für ein inkrementelles Innovationsgeschehen wird unter anderem auch durch ihre familienhafte Personalpolitik mitgeprägt. Familienunternehmen akquirieren mit Vorliebe junge Leute nach ihrer Ausbildung, setzen bei internen Besetzungsentscheidungen soweit irgend möglich auf Eigengewächse und vermeiden die Integration von qualifizierten Quereinsteigern. Solche Muster machen auf kollektiver Ebene ein exploratives Verhalten eher unwahrscheinlich, wie schon James March in seinem berühmten Artikel über organisationales Lernen festgestellt hat (ders. 1991). Es ist deshalb nicht verwunderlich, dass radikalere oder gar disruptivere Innovationen bei diesem Unternehmenstyp sehr selten zu beobachten sind, da diese ganz grundsätzlich nicht zum Entwicklungs- und Wachstumsmuster dieser Unternehmen passen. Viel Geld in die Hand zu nehmen bei absolut unsicherem Ausgang, das ist nicht Sache dieses Unternehmenstyps.

Unter strategischen Gesichtspunkten ist das hier in aller Kürze beschriebene Innovationsmuster absolut nicht gering zu schätzen. Es bildet die Basis für den kontinuierlichen Ausbau einer erfolgreichen Nischenstrategie, die insbesondere bei den vielen »Hidden Champions« des deutschsprachigen Raums zu beobachten ist (dazu Simon 2012, für ein ganz ähnliches Phänomen in der italienischen Wirtschaft vgl. Colli 2003, S. 62 ff.). Viele von ihnen haben es geschafft, über Generationen hinweg ihre Resilienz und Erneuerungskraft nachhaltig unter Beweis zu stellen. Ein eindrucksvolles Beispiel für so einen Champion bildet die Firma Drägerwerk AG in Lübeck, die die aktuelle Coronakrise in die öffentliche Aufmerksamkeit gerückt hat. 100 Jahre ständige Verbesserung bei Beatmungsgeräten schaffen einen Vorsprung, der von Mitbewerbern nicht so einfach wettzumachen ist.

3.4 Ein sparsamer Umgang mit dem erwirtschafteten Kapital

Diesen Innovationsprinzipien folgend, kann das Wachstum normalerweise aus dem Cashflow heraus bzw. auf Basis bereits thesaurierter Gewinne sicher finanziert werden. Mit dieser Praxis kommt ein wichtiger Grundsatz zum Ausdruck, wie familiengeführte Unternehmen üblicherweise Herausforderungen im Bereich der Finanzierung lösen. Sie sorgen in der Regel für eine hohe Eigenkapitalquote, indem sie den größeren Teil der erwirtschafteten Erträge im Unternehmen belassen und reinvestieren. Man will, soweit es geht, die Abhängigkeit von fremden Kapitalgebern vermeiden und unternehmerisch Herr im eigenen Haus bleiben. Dieser Präferenz für eine Eigenfinanzierung lässt sich in besonders kapitalintensiven Branchen natürlich nur schwer folgen. Hier braucht es klug durchdachte Lösungen gemeinsam mit sorgfältig ausgewählten externen Finanzierungspartnern, die die eigene unternehmerische Souveränität nicht unangemessen einschränken und trotzdem den Zugang z. B. zum Kapitalmarkt ermöglichen. Letztlich geht es bei dieser Suche nach geeigneten Finanzierungslösungen immer darum, sorgfältig darauf zu achten, nur jene Risiken einzugehen, die die unternehmerische Autonomie und Unabhängigkeit des Unternehmens bzw. der Eigentümerfamilie auch dann nicht gefährden, wenn sie schlagend werden. Diese vorsichtigen Finanzierungsmuster können unter Umständen den Verzicht auf die eine oder andere zusätzliche Wachstumschance implizieren (vgl. dazu auch Berthold 2010), was auf längere Sicht durchaus zu einem »gesünderen«, weil nicht allzu sprunghaften Wachstumsverhalten solcher Unternehmen beiträgt.

Mit diesen charakteristischen Umgangsformen mit Finanzfragen, die allesamt auf eine möglichst sparsame Handhabung knapper Ressourcen hinauslaufen, ist bei den Verantwortlichen an der Spitze regelmäßig auch die Tendenz verbunden, möglichst wenigen im Unternehmen und der Familie genauere Einblicke in die jeweils aktuellen wirtschaftlichen Gegebenheiten der Firma zu gewähren. Das Wissen um diese Gegebenheiten zählt zur exklusiven Informationsbasis, mit der die Inhaber die unternehmerische Seite der Firma steuern. Mit dem Schutz dieser Exklusivität gilt es zu vermeiden, dass bei wichtigen Stakeholdern (im Unternehmen, in der Familie, bei Kunden und Lieferanten) unangemessene Begehrlichkeiten und Forderungshaltungen entstehen. Aus dieser Grundhaltung heraus erklärt sich auch die Tendenz, den heutigen Publizitätspflichten nur sehr restriktiv zu folgen. Eine unvermeidliche Nebenwirkung dieses Umgangs mit dem Wissen um den wirtschaftlichen Zustand des Unternehmens ist der Umstand, dass die Controllingfunktionen zumeist auffällig unterentwickelt bleiben (dazu auch Hack 2009). Ab einem bestimmten Komplexitätsgrad der wirtschaftlichen Aktivitäten der Firma kann diese Intransparenz für ihren Weiterbestand allerdings sehr gefährlich werden.

3.5 Ein spezifisches Ökosystem: Win-win-orientierte Beziehungen zu den wichtigsten Stakeholdern

Die familial geprägten Führungsverhältnisse im Inneren des Unternehmens finden vielfach auch in den externen Kooperationsbeziehungen, d. h. zu den wichtigsten Stakeholdern, ihre Entsprechung. Auch dieses Beziehungsgeflecht entwickelt sich primär um die Aktivitäten und das diesbezügliche persönliche Engagement der Inhaber und Inhaberinnen herum. So werden Familienunternehmen mit der Zeit in ihrem jeweiligen regionalen Umfeld zu einem wichtigen Faktor der Wohlstandsentwicklung. Sie fühlen sich in der Regel für diese Entwicklung nicht zuletzt deshalb mitverantwortlich, weil sie ihre Beschäftigten schon über längere Zeiträume primär aus diesem Umfeld rekrutieren. Deshalb tun sie sich mit Standortverlagerungen vielfach deutlich schwerer als Nichtfamilienunternehmen. Angesichts der immer drängenderen Probleme des Klimawandels engagieren sie sich verstärkt für eine merkliche Verbesserung ihrer ökologischen Bilanz und unternehmen erhebliche Anstrengungen, um bei der Bewältigung dieser aktuellen Menschheitsherausforderung explizit zu einem Teil der Lösung zu werden. Sie sorgen letztlich für ein Arbeitsumfeld, in dem sich die Beschäftigten respektiert und aufgehoben fühlen. Diese Dimensionen sind selbstverständlicher Teil der unternehmerischen Verantwortung familiengeführter Unternehmen und werden von diesen nicht im Marketing als besondere Leistung herausgestellt.

Familienunternehmen schaffen sich so in der Regel ein eigenes »Ökosystem«, in dem sie als Teil eines breiteren Wertschöpfungsnetzwerks operieren. Die damit verbundene Kooperationsphilosophie kommt natürlich speziell im Verhältnis zu ihren wichtigsten Kunden zum Tragen. In diesen oft langjährigen Beziehungen kommt es nicht auf das situative Ausreizen des ultimativen Gewinnpotenzials an, sondern auf das nachhaltige Herstellen eines besonderen Kundennutzens, der für eine tragfähige Kundenbindung Sorge trägt, die zwischenzeitlich auch ernstere Konflikte bewältigen hilft. Diese Art der Nutzenstiftung ist natürlich bei commoditygeprägten Marktgegebenheiten sehr viel schwieriger zu realisieren, aber mit klugen Kooperationsstrategien auch zu unterschiedlichen Bedingungen möglich. Zusammenarbeitsverhältnisse mit einer ähnlichen Logik sind selbstverständlich in solchen familienunternehmensspezifischen Ökosystemen auch mit Zulieferern möglich, in start-up-förmig organisierten Entwicklungspartnerschaften, in der Zusammenarbeit mit Forschungseinrichtungen oder mit ausgesuchten Joint-Venture-Partnern bzw. in strategischen Allianzen und ähnlichen externen Partnerschaften. Diese Austauschprozesse sind tendenziell alle auf Win-win-Situationen ausgelegt, in denen gleichzeitig jedes Glied der Kette seine unternehmerische Unabhängigkeit und Eigenverantwortung bewahren kann.

Familienunternehmen wissen, dass die Kooperationspartner in den einzelnen Gliedern der Wertschöpfungsketten und Produktionsnetzwerken nur gemeinsam reich werden können, d. h., wenn sie so etwas wie »Shared Value« produzieren, wenn sie es im Netzwerk auf ein Leben und Leben lassen anlegen und sich nicht einzeln ausschließlich auf Kosten der anderen optimieren. Auf diese Weise entstehen vertrauensbasierte Kooperationsbeziehungen (ähnlich wie unternehmensintern zu den Beschäftigten auch), die oftmals gerade in schwierigeren Zeiten eine wichtige Ressource darstellen können. In Krisenzeiten – wie im Gefolge des Zusammenbruchs der Finanzmärkte 2008/09 sowie in der Bewältigung der aktuellen Pandemie – zeigt sich der außerordentliche Wert des eigenen Eingebettetseins in funktionsfähigen Ökosystemen (vgl. dazu Wimmer 2013). Bei inhabergeführten Unternehmen spielen das persönliche Engagement und das damit verbundene »Beziehungskapital« der Unternehmensspitze für das Lebendighalten dieses Ökosystems eine alles entscheidende Rolle. Denn immer dann, wenn es um heiklere Aushandlungspunkte in diesem Netz geht, ist ein persönlicher Einsatz der Spitze vonnöten.

3.6 Eine fraglos akzeptierte Autorität und Führung durch Mehrdeutigkeit

Das für solche Familienunternehmen vielfach typische Führungsgeschehen weist im alltäglichen Miteinander eine Reihe recht subtiler Merkmale auf. An der Spitze gibt es im Normalfall ganz klare Verhältnisse. Dort sind alle relevanten Autoritätserwartungen von außen wie von innen gebündelt. Sie ist im Zweifel bei allen Entscheidungen immer die letzte Instanz und kann davon ausgehen, dass all ihre Entscheidungen fraglos Geltung gewinnen und nicht weiter hinterfragt werden. Diese Art von Wirksamkeit ist im eigentlichen Wortsinn mit Autorität gemeint. Der Rest des Unternehmens kann darauf vertrauen, dass die relevanten Aufgaben der Unternehmensführung an der Spitze im Sinne eines langfristig orientierten Fortbestandes der Firma wahrgenommen werden und dort auch gut aufgehoben sind. Hier an der Unternehmensspitze vereinigen sich ja die Existenzsicherungserwartungen der Belegschaft mit den Eigentümerinteressen und Kontinuitätshoffnungen der Familie bzw. der Familiengesellschafter. Diese außergewöhnlich starke Autoritätsaufladung an der Spitze (wenn diese verloren geht, steht jedes Familienunternehmen ohnehin immer vor ganz großen Problemen) erzeugt unweigerlich komplementäre Verhältnisse auf den Ebenen darunter. Dieses charakteristische unternehmensinterne Kooperationsumfeld der Spitze ermöglicht in der Regel genau jene hohe Flexibilität und außergewöhnliche Geschwindigkeit in der Leistungserbringung, die den schwer kopierbaren Wettbewerbsvorteil vieler »Hidden Champions« ausmachen (ähnlich Simon 2012).

Das unmittelbare Kooperationsumfeld des Unternehmers wird ab einer bestimmten Größenordnung zumeist von einer Handvoll enger, lang gedienter Weggefährten gebildet. Soweit dies formell überhaupt ausgewiesen ist, bilden diese mit der Spitze gemeinsam de facto den engeren Führungskreis, der das operative Geschehen im Unternehmen managt. Dieser engste Kreis an Mitstreitern identifiziert sich in hohem Maße mit dem Unternehmen und seinem Erfolg und hat dies in der Vergangenheit in vielen schwierigen Situationen nachhaltig unter Beweis gestellt. Zum unmittelbaren Umfeld des Unternehmers gehören gewöhnlich pragmatische Generalisten und Umsetzer, die von vielen Themenfeldern im Unternehmen eine Ahnung haben, weil sie mit den zunehmenden Anforderungen selbst mitgewachsen sind. Sie denken in ihren Lösungen möglichst ganzheitlich, sie haben dabei aber auch einen guten Blick für das Naheliegende, für das, was gerade aktuell ansteht. Sie packen aus eigenem Antrieb zu, sie brauchen für ihr Tätigwerden keine Anweisungen von oben. Sie stehen stets in einem engen persönlichen Kontakt mit der Unternehmensspitze und loten hier aus, in welche Richtung dort gerade gedacht wird. Um selbst aktiv zu werden, genügen oft Andeutungen des Unternehmers bzw. der Unternehmerin, ihre Vertrauten sind darauf trainiert, »zwischen den Zeilen zu lesen«. Sie gehen dann eigenständig auf die Suche nach Lösungen – stets im vermuteten Interesse der Spitze. Dafür braucht es keinen großen Kommunikationsaufwand. Man unterstellt wechselseitiges Verstehen und kann deshalb in der Regel auf formelle Besprechungsroutinen und umfangreiche Abstimmungsforen verzichten. Um in der Kooperation untereinander, auf gleicher Ebene, Entscheidungen abzusichern und zu begründen, genügt der Verweis auf den Willen der Spitze. Die Berufung auf das, was oben gewollt wird, versorgt jeden in seinem Handeln mit ausreichender Autorität, d. h., sie erhöht die Akzeptanzwahrscheinlichkeit in der wechselseitigen Abstimmung und Koordination. Treten trotzdem ernsthafte Meinungsverschiedenheiten und Konflikte auf, so sind selten klare Entscheidungen und Vorgaben von oben zu erwarten. Die Spitze vermeidet normalerweise eine konkrete Parteinahme und erwartet, dass die Betroffenen ihre Differenzen schon irgendwie miteinander hinbekommen.

Dieses Führungsmuster, das in diesem inneren Kreis nach Möglichkeit eindeutige Festlegungen und klare Anweisungen von oben vermeidet, erweist sich bei näherem Hinsehen in hohem Maße als funktional. Es stimuliert die Eigeninitiative der Leute. Sie legen selbst fest, was konkret zu tun ist, und übernehmen dafür die Verantwortung. Ihr persönlicher Einsatz, ihr permanentes Mitdenken für das Voranbringen des Unternehmens ist gefragt. Dies schafft eine dauerhafte Motivation, den Intentionen der Spitze ohne Zögern zum Durchbruch zu verhelfen. Geht einmal etwas schief, so muss derjenige dafür geradestehen, der die Initiative vorangetrieben hat. Der Unternehmer kann so im Nachhinein immer sagen, dass die Entscheidung in der getroffenen Form nicht seinen eigentlichen Intentionen entsprochen hat. Das Prinzip der Mehrdeutigkeit schützt die Spitze normalerweise davor, Fehlentscheidungen sich selbst zurechnen zu müssen. Sie lernt an den konkreten Auswirkungen der Entscheidungen des engeren Führungskreises gleichsam indirekt selbst mit und schärft so ihre eigene Intuition für das Machbare, ohne dass dieses Mitlernen vom Umfeld als solches beobachtbar wäre. Das Bild von der großen Treffsicherheit und der strategischen Weitsicht des Unternehmers bleibt auf diesem Wege unangetastet, weil das Risiko des »Scheiterns« von anderen im Unternehmen übernommen wird. Ihnen wird das Fehlermachen auch zugestanden, insofern sie daraus für die Zukunft lernen und unaufgefordert die richtigen Konsequenzen ziehen.

Der Unternehmer führt so letztlich über eine Vielzahl ganz persönlicher Kontakte ins Unternehmen hinein, die stets anlassbezogen aus dem konkreten Arbeitsgeschehen heraus, zumeist unter vier Augen oder im ganz kleinen Kreis, zustande kommen. In diesen Kontakten entsteht und erneuert sich das Wissen der Leute um das, was gerade Priorität besitzt und so letztlich auch um den je eigenen Platz im Unternehmen. Auf diesem Wege entscheidet sich im gemeinsamen Tun auch die Zugehörigkeit oder Nichtzugehörigkeit zum engeren Führungskreis um die Unternehmensspitze herum, obwohl die Grenzen hier selten allzu scharf gezogen werden.

Die Mitglieder dieses Kreises an bewährten Weggefährten des Unternehmers stützen sich ihrerseits auf ein festes Netzwerk an persönlich vertrauten Mitarbeitern. In diesem Netz wiederholt sich im Grunde genommen das Führungsgeschehen, wie es an der Spitze vorgelebt wird – vielleicht nuanciert um die persönlichen Eigenheiten der jeweiligen im Zentrum stehenden Figuren –, in den einzelnen Unternehmensbereichen.

Was in solchen Unternehmen die erstaunliche Koordinationsleistung, Geschwindigkeit und Flexibilität im internen Zusammenspiel sicherstellt, solange sie mit einer dosierten Geschwindigkeit organisch wachsen, ist eine bestimmte Form der Wissensaneignung. Sie folgt im Wesentlichen dem Prinzip der Imitation. Man lernt von anderen, indem man sich erfolgreiche Praktiken abschaut und diese in die eigenen Routinen integriert. Unausgesprochen steht die Erwartung im Raum, dass jeder gut daran tut, sich an den Erfolgsmustern lang gedienter Leistungsträger im Unternehmen zu orientieren. Auf diesem Wege werden gleichzeitig konkretes Problemlösungswissen wie auch die zentralen Elemente der Unternehmenskultur weitergegeben und laufend erneuert. Wie schon erwähnt, sind das eine hohe Eigeninitiative, eine durchgängige Verantwortungsübernahme für das Unternehmen (niemand kann sich darauf berufen, nicht zuständig zu sein), eine pragmatische Orientierung am bereits Bewährten, eine gewisse Risikobereitschaft sowie der Wille, sich bei Schiefgegangenem nicht in Ausreden zu flüchten, sondern Lernkonsequenzen daraus zu ziehen. Wer das nicht tut, zeigt, dass er nicht zum Unternehmen passt. Nachahmung als dominantes Lernmuster sorgt für die Weitergabe bewährter Routinen, es impliziert aber auch die Veränderung in homöopathischen Dosen, weil in einer solchen Umgebung jemand auf Dauer nur erfolgreich sein kann, wenn diese Form des Lernens dazu genutzt wird, seinen ganz eigenen Weg zu finden. In dieser Tradition der Wissensweitergabe werden offiziell eingerichtete Weiterbildungsprogramme und Personalentwicklungsmaßnahmen nur ganz selten benötigt.

In von der Größe her noch halbwegs überschaubaren, eignergeführten Familienunternehmen ist Führung deshalb normalerweise kein sichtbares, explizit so benanntes Geschehen. Es »führt«, wenn man so will, das gemeinsame Anliegen, rasch zu tragfähigen Lösungen für die gerade anstehenden Aufgaben und Problemstellungen zu kommen. Diesem Anliegen fühlen sich alle verpflichtet. Führung passiert in diesem Sinne letztlich implizit, durch die kulturell fest verankerten Regeln und wechselseitigen Erwartungen, sie passiert durch Selbstführung jedes Einzelnen im Sinne der erschließbaren Intentionen des jeweiligen Vorgesetzten und der Unternehmensspitze. Führung realisiert sich letztlich aber auch über die tief verankerten wechselseitigen Loyalitätsverpflichtungen, die in den aufgebauten zwischenmenschlichen Beziehungen und der damit verbundenen persönlichen Vertrauensbasis stecken und für Glaubwürdigkeit sorgen.

3.7 Eine sich um Personen herum entwickelnde Organisation koordiniert durch einen äußerst geringen Kommunikationsaufwand

Jeder, der neu in ein Familienunternehmen kommt, staunt, wie das Ganze mit so wenig aufgeschriebenen Regeln und formal festgelegten Strukturen funktionieren kann. Erstaunlicherweise sind diese Firmen auf eine ganz andere Weise erfolgreich, als sich dies der betriebswirtschaftlich geschulte Beobachter vorstellt. In solchen Unternehmen gewinnt man Orientierung und wechselseitige Erwartungssicherheit vor allem durch die genaue Kenntnis der handelnden Personen und des Beziehungsnetzes, in das sie eingebunden sind. Diese Form, Orientierung zu gewinnen, verlangt persönliches Eintauchen. Erst durch dieses Mittun und das Zulassen von »Fehlern« entsteht Schritt für Schritt Vertrautheit mit den eingespielten Abläufen und Prozessen, die sich irgendwann um die persönlichen Vorlieben der wichtigen Leistungsträger herum entwickelt haben und die zumeist nicht mehr hinterfragt werden, solange man damit erfolgreich zurechtkommt, auch wenn diese Leistungsträger längst nicht mehr im Unternehmen sind.

Fast immer sorgt in solchen Unternehmen eine geringe Fluktuation für hohe Kontinuität im Zusammenwirken der relevanten Personen. Zwischen ihnen entsteht so im alltäglichen Tun ganz selbstverständlich ein geteiltes Wissen um das, was für den Erfolg jeweils ausschlaggebend ist. Dieses vorwiegend implizite Wissen fußt letztlich in einem über lange Zeiträume hinweg gewachsenen Vertrauen in die Akteure und deren persönliche Kompetenz. Um sie herum ist die Organisation gebaut und entwickelt sich durch personelle Veränderungen und wachstumsbedingte Zellteilungen weiter. Dieses auf einem gemeinsam geteilten Personenwissen basierende Muster, wie im internen Prozessgeschehen wechselseitige Erwartungssicherheit entsteht, sorgt letztlich dafür, dass der Formalisierungsgrad in der Organisation so extrem niedrig gehalten werden kann. Es ist dies eines der ins Auge stechenden Merkmale, das dafürspricht, bei Familienunternehmen von einem eigenen Typus von Wirtschaftsorganisation zu sprechen.

Untermauert und getragen werden diese von außen nur schwer durchschaubaren Koordinationsmechanismen durch einen extrem familialen, persönlich getönten Kommunikationsstil. In solchen Unternehmen kennt man den Unterschied zwischen formeller und informeller Kommunikation gar nicht. Jeder hat zu jedem direkten Zugang, wenn es aus der Arbeit heraus erforderlich ist. Es gibt keine formellen Barrieren und hierarchischen Schranken. Mikropolitische Machtspiele sind eher selten, weil die eingesetzten Energien darauf zielen, geeignete Lösungen im Interesse des Unternehmens zu finden. Die eingefleischte Präferenz für mündliche Verständigung, basierend auf hoher persönlicher Verlässlichkeit und einer Handschlagqualität in den Abmachungen, sichert enorm kurze Entscheidungswege. Grundsätzlich hat schnelles Handeln Vorrang vor langwierigen internen Koordinierungs- und Absicherungsschleifen. Mit Kommunikationszeit wird in Familienunternehmen extrem sparsam umgegangen. Wo immer es geht, läuft wechselseitige Verständigung neben der Arbeit einfach so mit. Zusammensitzen und miteinander reden in aufwendigen Besprechungen, regelmäßigen Meetings etc. gilt als Zeitverschwendung. Fest etablierte Settings der Regelkommunikation sind deshalb eher selten anzutreffen. Wechselseitiges Verstehen und ein entsprechendes Abgestimmtsein können normalerweise unterstellt werden. Gefällte Entscheidungen sind daran zu erkennen, was konkret getan und umgesetzt wird. Diese auffällige Verknappung des Kommunikationsaufwandes funktioniert jedoch nur, weil sie auf einer intimen wechselseitigen Vertrautheit der handelnden Personen fußt. Diese Art von Vertrautheit hat wiederum eine gewisse Überschaubarkeit in der Größe und Komplexität des Unternehmens zur Voraussetzung.

Familienunternehmen weisen vielfach keine formellen Rangunterschiede und hierarchische Kompetenzzuordnungen unterhalb der Firmenspitze aus. In diesem Sinne verzichten sie gerne auf schriftlich ausdifferenzierte Organigramme. Der Einzelne gewinnt seine

Achtung durch die Kontinuität seiner Leistung, durch sein sichtbares Engagement fürs Unternehmen und die ihm anvertrauten Leute. All dies lässt Respekt und persönliche Achtung im jeweiligen Beziehungsnetz wachsen. Letztlich spielen für diese unternehmensinterne Positionierung natürlich auch die vermutete oder tatsächliche Nähe und Akzeptanz seitens des Unternehmers und seiner Familie eine große Rolle. Der einzelne Mitarbeiter besitzt in solchen reichlich »diffusen« Organisationsverhältnissen immer einen großen Gestaltungsspielraum, wenn er ihn denn zu nutzen weiß, d. h., wenn er sieht, was gerade ansteht, und wenn er entsprechend eigenverantwortlich zupackt. Ihn hindern dabei weder eifersüchtig bewachte Bereichsgrenzen noch formelle Zuständigkeitsregeln. Familienunternehmen kennen in diesem Sinne ganz charakteristische Karrierepfade ihrer Leistungsträger, fernab der hierarchischen Rangstufen und formellen, hierarchischen Über- und Unterordnungen, wie wir sie aus anderen Unternehmen kennen. Die eigene Karriereentwicklung ist an dem kontinuierlich wachsenden Verantwortungsbereich abzulesen, am zunehmenden Gewicht im internen Kooperationsnetzwerk und natürlich auch an der besonderen Wertschätzung und persönlichen Nähe, die einem durch die Inhaber entgegengebracht wird.

Wenn die Besonderheiten der Führung in Familienunternehmen – wie Entscheidungen herbeigeführt werden oder wie Koordination und die Steuerung derselben geschehen – zusammengefasst werden sollen, dann lohnt es sich, auf eine Luhmann'sche Denkfigur zurückzugreifen, die die diesbezüglichen Prozesse in Organisationen ganz prägnant beschreibbar macht: Gemeint ist sein Begriff der Entscheidungsprämissen (ders. 2000, S. 222 ff.). Luhmann geht davon aus, dass das alltägliche Entscheidungsgeschehen in Organisationen eine vorgelagerte Einrahmung besitzt, die die jeweilige Entscheidungssituation in ihren Optionen eingrenzt und damit für diesen Moment Komplexität reduziert. Bei diesen Prämissen handelt es sich um generelle, organisationsintern erzeugte Voraussetzungen, d. h. um allgemeine Orientierungspunkte, »die bei ihrer Verwendung nicht mehr geprüft werden« (ders. 2000, S. 222). Sie legen das konkrete Entscheiden nicht fest, aber sie machen beobachtbar, ob sich dieses innerhalb des Sets an Prämissen bewegt oder nicht. Luhmann unterscheidet drei unterschiedliche Kategorien von Prämissen, die als solche selbst entscheidbar sind: Prämissen, die sich im weiteren Sinne auf den Daseinszweck der Organisation, auf ihre Aufgabenidentität beziehen; Prämissen, die sich auf die Kompetenzverteilung im Inneren und auf die diesbezüglichen Koordinations- und Kooperationserfordernisse für eine erfolgreiche Leistungserbringung konzentrieren, und letztlich Prämissen, die den Eigentümlichkeiten der handelnden Personen zugerechnet werden. Diese drei Entscheidungsprämissen bedingen sich in vielfacher Weise wechselseitig und können je nach den Gegebenheiten einer Entscheidungssituation in unterschiedlichem Ausmaß Priorität gewinnen. Ihnen gemeinsam ist, dass über sie entschieden werden kann. Dann geht es um strategische Festlegungen, um Fragen des Organisationsdesigns oder um bedeutsamere Personalentscheidungen bzw. um das, was in der Organisation mit diesen Entscheidungen an Erwartungen verbunden wird. Ergänzt werden diese drei Kategorien von Entscheidungsprämissen um eine vierte, nämlich um nicht entscheidbare Prämissen, die Luhmann unter dem Begriff der Organisationskultur zusammenfasst (ders. 2000, S. 239 ff.). Diese entscheidungswirksamen, kulturbasierten Mechanismen der internen Verhaltenskoordination bilden und verfestigen sich gleichsam hinter dem Rücken der Akteure. In ihnen kondensieren die gemeinsam geteilten Grundüberzeugungen, Werthaltungen und die vielen Selbstverständlichkeiten, die das Miteinander in der Organisation prägen und die letztlich ihren unverwechselbaren, individuellen Charakter ausmachen, ohne dass man sich darüber explizit verständigen müsste (Luhmann ist hier ganz nah am Kulturkonzept von Ed Schein, vgl. ders. 1995 und 1986).

Blickt man mit dieser Begrifflichkeit auf familiengeführte Unternehmen, so sticht unmittelbar ins Auge, dass es sich hier um einen Organisationstypus handelt, bei dem die personenbezogenen Prämissen die drei entscheidbaren Kategorien klar dominieren, diese gleichsam in sich einschließen. Man schaut primär auf entscheidungsrelevante Personen – insbesondere auf solche an der Unternehmensspitze – und auf das, was diesen als wichtig zugeschrieben wird, und gewinnt daraus die relevanten Orientierungspunkte für das alltägliche Entscheidungsgeschehen. Wenn Probleme auftauchen, wenn es etwas zu gestalten bzw. zu verändern gilt, hat man sofort Personen vor Augen, an die sich diesbezügliche Veränderungserwartungen richten. Wenn es um Lösungen geht, dann sind Personen (das Appellieren an sie, ihre Ermahnung, ihre Weiterqualifizierung, ihr Austausch und Ähnliches) die einzig relevante Gestaltungsdimension. Strategiethemen, Fragen des Organisationsdesigns, die Gestaltung von Prozessen ähnlich wie auch die explizite Ausformung des Führungsgeschehens sind noch in der Personenorientierung mitverpackt, ein Umstand, der den Grad der Austauschbarkeit von Personen in familiengeführten Unternehmen deutlich senkt und deren geringe Fluktuationsrate miterklärt. Eine explizite Ausdifferenzierung dieser Aufgabenfelder von Führung wird erforderlich, sobald die Einheit von Eigentum und Führung aufgelöst wird und wesentlich komplexere Führungs- und Organisationsverhältnisse implementiert werden müssen. Die Entwicklungen, die solche Transformationsprozesse anschieben, sind Gegenstand des nächsten Abschnittes.

4 Bedingungen, die auf angestammte Führungsverhältnisse von Familienunternehmen einen existenziellen Veränderungsdruck ausüben

In der Forschung zu Familienunternehmen trifft man auf die weitverbreitete Annahme, dass der Abschied von den typischen Führungs- und Organisationsverhältnissen der Pionierzeit in den späteren Phasen des Lebenszyklus ganz unvermeidlich ansteht (vgl. Klein 2010). Die im Zuge der Generationswechsel komplexer werdenden Strukturen der Unternehmerfamilie und des Gesellschafterkreises legen irgendwann die Trennung von Eigentum und Führung nahe und machen damit den Weg frei für eine konsequente Professionalisierung des unternehmensbezogenen Führungsgeschehens. Mit diesen Prozessen gehen schrittweise die spezifischen Merkmale familiengeführter Unternehmen verloren. Der Unterschied zu den Nichtfamilienunternehmen verschwindet. Familienunternehmen sind dieser Meinung zufolge nur ein Durchgangsstadium, eine zeitlich vorübergehende Erscheinungsform. Entweder sie verschwinden mangels Erfolges wieder vom Markt oder sie transformieren sich gerade wegen ihres Erfolges in managergeführte Unternehmen (am deutlichsten vertreten von Chandler 1990).

Diesen in der Managementforschung weitverbreiteten Vorstellungen, wie der »natürliche Lauf der Dinge« bei Familienunternehmen aussieht, können wir uns nicht anschließen (aus einer historischen Perspektive sieht das ähnlich kritisch Colli 2003, vgl. zu dem diesbezüglichen Unterschied zwischen Familienunternehmen in Deutschland und den USA Berghoff/Köhler 2020. Diese soziokulturellen Unterschiede sind in ihrer Bedeutung nicht hoch genug einzuschätzen). Weder ist der Wechsel hin zu einer postpatriarchalen Führungswelt ein quasi automatisch erwartbares Ergebnis im Lebenszyklus dieses Unternehmenstyps, noch bedeutet dieser Wandel den Verlust der familienunternehmenstypischen Eigenschaften. Diese Einschätzungen gilt es im Folgenden in aller Kürze argumentativ zu erhärten und durch aus der Praxis heraus gewonnene Beobachtungen mit Plausibilität zu versorgen. Zunächst sei aber das Augenmerk noch auf die Frage gelegt, woher überhaupt der Druck zur Veränderung all dessen kommt, was diese Unternehmen lange Zeit durchaus erfolgreich gemacht hat. Es sind ganz bestimmte Rahmenbedingungen und Komplexitätsverhältnisse, die den historisch gewachsenen Zustand von Führung und Organisation so unter Druck bringen, dass eine weitreichende Transformation dieser Dimensionen unausweichlich wird. Wir sehen im Wesentlichen drei unterschiedliche Triebkräfte, die einzeln oder auch im Zusammenspiel den Ausgangspunkt für die Einleitung entsprechender Veränderungen bilden können.

4.1 Eine den Status quo überfordernde Wachstumsdynamik

Gerade gut aufgestellte Familienunternehmen mit einem strategisch soliden Geschäftsmodell generieren mit ihren Wettbewerbsvorteilen kontinuierlich Wachstumspotenziale, deren Nichtausschöpfung bedeuten würde, die schon errungene Marktposition zu gefährden. Die mit der Realisierung dieser Potenziale einhergehenden Entwicklungsimpulse können durch einen beschleunigten organischen Ausbau der eigenen Leistungsfelder aufgegriffen werden und/oder durch die Übernahme von geeigneten Unternehmen, also durch anorganische Wachstumsschritte. Bedingt durch die verstärkte Konsolidierung, die zurzeit in vielen Branchen zu beobachten ist, ist das Ergreifen von anorganischen Wachstumschancen auch für Familienunternehmen inzwischen nichts Außergewöhnliches mehr (vgl. dazu die eindrucksvolle Doktorarbeit von Kai Hansen 2020). Beide Modi, in relativ kurzer Zeit erhebliche Wachstumssprünge bewältigen zu müssen, konfrontieren diese Unternehmen intern mit einem Komplexitätszuwachs, der die vorhandenen Routinen der Problembearbeitung radikal überfordert. Diese Überforderung zeigt sich durch zunehmende Abstimmungs- und Koordinationsprobleme, d. h., die vertrauten Sicherheiten im alltäglichen Zusammenspiel erodieren, Missverständnisse nehmen zu, die Prozesse verlangsamen sich, Entscheidungen kommen schwieriger zustande und verlieren ihre Treffsicherheit. Das Vertrauen in die unternehmerische Qualität des Führungskreises an der Spitze schwindet, situativ aufeinander folgende Maßnahmen erweisen sich durchgängig als improvisiert. Viele Projekte werden gleichzeitig angestoßen, keines davon aber konsequent zu Ende verfolgt. Vieles muss nachgebessert werden, Beschwerden von Kunden häufen sich, die Produktivität sinkt, Personalprobleme verstärken sich (Burnoutsymptome, gute Leute kündigen etc.), das Klima wird insgesamt hektischer, konflikthafter und deutlich gereizter. Wenn angesichts solcher Symptome die zugrunde liegende grundsätzliche Überforderungsproblematik des Gesamtunternehmens nicht rechtzeitig erkannt wird und in gewohnter Weise an Detailfragen herumgedoktert wird, dann verstärkt sich die destruktive Dynamik und es wird immer schwieriger, die Abwärtsentwicklung zu stoppen. Diese sich selbst verstärkende Entwicklungsdynamik, die aus einer gesamthaften Überforderung der eingespielten Bewältigungsroutinen der Organisation resultiert, wird als solche von den Verantwortungsträgern, weil sie Teil des Problems sind, vielfach nicht rechtzeitig erkannt. Es ist daher wesentlich vorteilhafter, die interne Umstrukturierung der Führungs- und Organisationsstrukturen auf der Grundlage strategischer Überlegungen proaktiv einzuleiten und nicht zu warten, bis die ausgelösten Krisenphänomene keine Alternative mehr lassen. In der Bewältigung einer solchen Krise wird dann der Umbau der angestammten Führungsverhältnisse in der Regel durch familienfremde Restrukturierungsbeauftragte erzwungen (vgl. im Detail dazu Rüsen 2008). Ähnlich weitreichende Veränderungen in den Führungs- und Organisationsverhältnissen sind erwartbar, wenn es zu einem Gesamtverkauf des Unternehmens kommt.

4.2 Disruptive Marktveränderungen

Wie bereits angedeutet, entwickeln sich Familienunternehmen üblicherweise in einer klar definierten Nische in enger Abstimmung mit ihren Kunden und deren Bedarfen. In diesem subtilen Wechselspiel zwischen unternehmerisch erkannten Problemstellungen bei bestehenden bzw. potenziellen Kunden und einer klugen Anpassung des eigenen Leistungsrepertoires an dieselben erneuern sich diese Unternehmen auf eine evolutionäre Weise ohne aufwendige Changeprozesse. Dieses Muster einer kontinuierlichen inkrementellen Selbsterneuerung ist höchst erfolgreich, weil die Innovationen ressourcenschonend nah am operativen Geschäft erfolgen und deshalb unschwer in die bestehenden Abläufe integriert werden können (vgl. Wimmer 2020a).

Wenn es aber am Markt zu weitreichenderen Veränderungen kommt, wie wir es beispielsweise jetzt im Zusammenhang mit der Digitalisierung erleben, die vielen etablierten Geschäftsmöglichkeiten den Boden entzieht, dann greifen die beschriebenen Innovationsmuster zu kurz. Ähnlich einschneidende Umbauten der bislang vertrauten geschäftlichen Ausrichtung erfordern all jene Maßnahmen, die zurzeit erstmals mit erstaunlicher Konsequenz zur Bewältigung des Klimawandels in Gang gesetzt werden. Unser gesamtes Wirtschaften in den bevorstehenden zwei bis drei Jahrzehnten für all diese ökologischen Herausforderungen antwortfähig zu machen, ist zweifelsohne eine Mammutaufgabe, die für Unternehmen sowohl völlig neue Chancen als auch ungewöhnliche Bedrohungen bereithält. Nicht zuletzt hat die aktuelle Coronapandemie allen Akteuren im Wirtschaftsleben ganz dramatisch vor Augen geführt, welches Maß an Unsicherheit unternehmerisches Handeln heute bewältigen muss.

Die rechtzeitige Entwicklung von unternehmerischen Antworten auf solchermaßen geänderte Marktherausforderungen hängt letztlich von der Wachheit und dem Gespür des Inhabers und seiner engsten Wegbegleiter an der Unternehmensspitze ab. Je länger allerdings dort jemand in der Verantwortung ist, umso größer ist die Gefahr, dass an dem bislang erfolgreich praktizierten geschäftspolitischen Weg festgehalten wird. Diese für viele inhabergeführte Unternehmen nicht ungewöhnliche strategische Pfadabhängigkeit, die unter dazu passenden Marktgegebenheiten ein Erfolgsgarant ist, führt bei disruptiven Entwicklungen in eine existenzgefährdende strategische Sackgasse, die nicht selten zu spät als solche erkannt wird. In der Medienbranche, im Handel, in der mittelständisch geprägten Automobilzulieferindustrie werden wir alle gerade Zeuge, in welcher Geschwindigkeit sich solche weitreichenden Veränderungen der Marktanforderungen vollziehen.

All diese Entwicklungen schaffen Ausgangsbedingungen, die einen grundlegenden Strategiewechsel und damit einhergehend auch einen weitreichenden Musterwechsel in Führung und Organisation nahelegen, weil die Aufrechterhaltung der eigenen unternehmerischen Antwortfähigkeit es in solchen Situationen erforderlich macht, neben der gezielten Effizienzsteigerung des bestehenden Geschäfts in die innovative Entwicklung alternativer Geschäftsmodelle zu investieren. Diese ungewöhnlichen Innovationsherausforderungen erzwingen ebenso ungewöhnliche Organisationslösungen (z. B. der Aufbau eigener, start-up-förmig organisierter Innovationszentren, das Eingehen strategischer Allianzen mit erfolgsversprechenden Marktteilnehmern etc.). Die Gleichzeitigkeit dieser so gegensätzlichen Organisationswelten erfolgreich zu managen, generiert Führungsherausforderungen, die mit den tradierten Mitteln familiengeführter Unternehmen üblicherweise nicht zu stemmen sind (vgl. dazu Ch. Beumer, CEO der Beumer Group, Beumer/Schuhmacher 2020).

4.3 Ein Generationswechsel

Wie schon angedeutet, fußt die eindrucksvolle Schlagkraft traditionell geführter Familienunternehmen auf einer genialen Symbiose zwischen der unternehmerischen Intuition und dem Weitblick des Inhabers bzw. der Inhaberin an der Spitze und einer konsequent darauf eingespielten Belegschaft. Diese Symbiose beruht auf harter Arbeit bei allen Beteiligten, in deren Verlauf das wechselseitige Zutrauen in die Leistungsfähigkeit und Leistungsbereitschaft aller wie auch das persönliche Vertrauen in die Tragfähigkeit der reziproken Loyalität wächst.

Es ist gut nachvollziehbar, dass dieses Zusammenspiel bei einem personellen Wechsel an der Spitze zunächst zerbricht. Es ist durchaus möglich, dass eine Wiederherstellung dieses symbiotischen Miteinanders durch einen Nachfolger oder eine Nachfolgerin aus der Familie gelingen kann, wenn sich die Anforderungen an Führung im Zuge des Generationswechsels nicht nennenswert ändern und die neue Unternehmensspitze in der Lage und willens ist, im Grundsatz den Erwartungen an einen patriarchalisch geprägten Führungsstil gerecht zu werden. Im Laufe der Zeit wird sich dann wieder ein sicherheitsspendendes Miteinander einspielen, vor allem dann, wenn die neue Generation zeigen kann, dass sie in der Lage ist, dem Unternehmen in zeitgemäßer Weise ihren eigenen unternehmerischen Stempel aufzudrücken, und damit die Fortführbarkeit des Unternehmens erfolgreich unter Beweis stellen kann. Eine wesentliche Bedingung dieser Wiederherstellung und Erneuerung der angestammten Führungsverhältnisse im Zuge eines

Generationswechsels ist allerdings, dass in diesem Wechsel die Einheit von Führung und Eigentum im Grundsatz erhalten bleibt. Heutzutage ist dies allerdings immer seltener der Fall, weil in Unternehmerfamilien das Eigentum in der Tendenz zu gleichen Teilen auf die Nachkommen weitergereicht wird.

Aus den genannten Gründen ist die Fortsetzbarkeit der geschichtlich gewachsenen Führungspraxis heutzutage im Generationswechsel keineswegs mehr als selbstverständlich erwartbar und unternehmerisch vielfach auch nicht funktional und wünschenswert, weil das Unternehmen für seine erfolgreiche Weiterentwicklung eine andere Art von Führung braucht und die Nachfolger diese auch für sich selbst wünschen. Diesem Erfordernis nach einem weitreichenden Wechsel steht nicht selten der Kontinuitätswunsch der Seniorengeneration entgegen. Diese haben selten konkrete Bilder und Vorstellungen, wie das Unternehmen nach ihrem Abgang möglicherweise ganz anders zu führen ist und wie genau die Rolle aussieht, die ihre Nachfolger dabei einnehmen sollten. Insofern hat der Generationswechsel immer dann, wenn mit ihm auch eine Neustrukturierung der Führungs- und Organisationsgegebenheiten verknüpft ist, gleichzeitig zwei Herausforderungen zu stemmen. Es geht einerseits um die wirksame Festigung und Etablierung der nächsten Generation an der Unternehmensspitze und in diesem Zuge andererseits auch um eine Transformation des Unternehmens, um die Führbarkeit desselben auf die Zukunftsherausforderungen auszurichten. Diese Gleichzeitigkeit ist keine leichte Übung und verlangt allen Beteiligten enorm viel ab, weil sich niemand in diesen Veränderungsprozessen bereits auf ausgetretene Pfade und bewährte Routinen berufen kann.

An sich ist der Generationswechsel für solche Veränderungen ein günstiges Zeitfenster. Der Übergabeprozess setzt immer einiges an Veränderungsenergie frei, die unvermeidlich auf korrespondierende Beharrungskräfte stößt, die miteinander in eine an der Zukunft des Unternehmens orientierte Aushandlung gebracht werden müssen. Dieses gar nicht zu vermeidende Spannungsfeld zwischen Kontinuität und Erneuerung gilt es gerade dann konstruktiv zu nutzen, wenn mit dem Generationswechsel ein Übergang zu postpatriarchalen Führungs- und Organisationsverhältnissen verknüpft ist. Dies ist beispielsweise regelmäßig der Fall, wenn mehrere Geschwister gemeinsam in die Verantwortung für die Führung des Unternehmens eintreten und/oder an der Unternehmensspitze ein Führungsteam bestehend aus geeigneten Mitgliedern der Familie und familienfremden Managern etabliert wird. Das Gelingen solcher Veränderungen wird vor allem dann wahrscheinlicher, wenn die beiden involvierten Generationen ihre doch ganz unterschiedlichen Einflusspotenziale gut aufeinander abgestimmt dafür nutzen, den Rest des Unternehmens in diesem Musterwechsel glaubwürdig mitzunehmen. Ganz und gar unvermeidlich wird so ein Musterwechsel, wenn bei einem Generationsübergang an der Unternehmensspitze ausschließlich familienfremde Verantwortungsträger wirksam werden. Diese Art der Umformung der Führungskonstellation an der Spitze schafft eine Ausgangslage, die ein Neuerfinden des Führens in einem bislang inhabergeführten Unternehmen unausweichlich macht, und deshalb ganz bewusst angegangen werden muss. Das alles sollte sinnvollerweise eingebettet in ein Redesign der gesamten Governancestrukturen erfolgen, in denen die Gesellschafter und die Familie weiter steuernden Einfluss wahrnehmen können, so sie das wollen. Vor diesem Hintergrund ist es in der Regel sehr sinnvoll, im Zuge eines solchen Generationswechsels nicht nur unternehmensintern einen Umbau der Führungs- und Organisationsstrukturen in Gang zu setzen, sondern auch dazu passend die Aufgaben eines Aufsichtsgremiums und die Rolle des Gesellschafterkreises bzw. der Unternehmerfamilie neu zu fassen (zu diesen Corporate-Governance- bzw. Family-Governance-Themen vgl. Kormann 2017 sowie von Schlippe et al. 2017).

In der Praxis kommt es durchaus häufig vor, dass die genannten Triebkräfte für die ins Auge gefassten Veränderungen nicht isoliert auftreten, sondern in irgendeiner Variante der wechselseitigen Verzahnung – ein Umstand, der die Erfolgschancen tendenziell eher erhöht. Unabhängig von der Ausgangssituation stellt die erfolgreiche Bewältigung solcher Transformationsprozesse zweifellos eine der größten Herausforderungen für familiengeführte Unternehmen dar, wann immer im Lebenszyklus genau diese Veränderungen anstehen, um die weitere Überlebensfähigkeit als Familienunternehmen zu sichern.

Einige dieser Herausforderungen seien abschließend in aller Kürze benannt.

5 Schlüsselstellen in der Transformation der tradierten Führungs- und Organisationsverhältnisse

In der Erlebniswelt von inhabergeführten Familienunternehmen ist das Aufrechterhalten ihrer angestammten Führungs- und Organisationsverhältnisse oft gleichbedeutend mit dem, was diesen Unternehmenstyp in seiner Substanz letztlich ausmacht. Deshalb sind ernsthafte Veränderungsbemühungen dieser Verhältnisse bei allen Beteiligten unweigerlich mit großen Befürchtungen verbunden, den Wesenskern als Familienunternehmen zu opfern und Entwicklungen in Gang zu setzen, die den Unterschied zu Nichtfamilienunternehmen verschwinden lassen. Diese weitreichenden Verlustängste, die nicht nur bei den Beschäftigten losgetreten werden, sondern auch bei den Entscheidungsträgern und im Gesellschafterkreis virulent sind, muss man sich vor Augen halten, wenn man sich in Richtung einer postpatriarchalen Welt auf den Weg macht. Die Wirkmächtigkeit der tradierten Formen des Miteinanders, die jedem/jeder in dieser familial geprägten Gemeinschaft einen sicheren Platz verleihen, ist nicht zu unterschätzen. Veränderungen in diesen identitätsstiftenden Kernbereichen des Unternehmens setzen ungeahnte Kräfte frei, die um den Erhalt des Status quo und der sie prägenden Kultur kämpfen, dies umso heftiger, je mehr das Unternehmen auf eine lange Erfolgsgeschichte zurückblicken kann.

Wegen dieser keineswegs einfachen Ausgangslage ist es von entscheidender Bedeutung, dass die Verantwortlichen viel in die Erwartungssicherheit aller Beteiligten investieren und diesen erfolgreich vermitteln, dass es bei dem in Gang gesetzten Entwicklungsprozess nicht darum geht, die Eigenart des Unternehmens als Familienunternehmen, seine besondere Kultur, Flexibilität und Geschwindigkeit über Bord zu werfen und sich strukturell an große Konzerne anzupassen. Für diese Art von Sicherheit können letztlich nur die anerkannten Autoritätsfiguren aus dem Eigentümerkreis und der Unternehmerfamilie (so vorhanden) auf eine glaubwürdige Weise sorgen. An all dem, was diese Funktionsträger in diesen Prozessen zeigen und vorleben, wird der Rest der Organisation ablesen, ob und wie weitreichend bei allem Wandel der Charakter als Familienunternehmen erhalten werden soll.

Gleichzeitig braucht es die unmissverständliche Botschaft, dass es unternehmensintern in wesentlichen Dimensionen des Miteinanders weitreichender Veränderungen bedarf, um die künftige Leistungsfähigkeit und damit die Weiterexistenz des Unternehmens zu sichern. Diese Veränderungsnotwendigkeiten resultieren in der Regel nicht aus Versäumnissen der Vergangenheit, sondern sie spiegeln das Erfordernis wider, den geänderten Anforderungen aus dem bisherigen Wachstum, aus neuen Marktgegebenheiten, aus strategischen Weichenstellungen etc. gerecht werden zu wollen. Diese argumentative Einbettung des Warums der Veränderung, also des »Case for Action« in die Anforderungen, die aus der Zukunft kommen, schützt davor, dass die Transformation als Entwertung des Bisherigen erlebt wird. Denn leicht geraten Veränderungsimpulse in die Kehle: »War denn bislang alles schlecht?« Nein, das war es nicht. Wir blicken durchaus auf eine Erfolgsgeschichte zurück. Aber für die jetzt anstehenden Zukunftsherausforderungen gilt es neue Wege zu gehen. Die damit angestoßenen Veränderungen werden allerdings auch eine Reihe von bereits deutlich spürbaren Problemfeldern mit-»sanieren«, die aus dem Festhalten an den tradierten Führungsmustern resultieren. Diesem Umstand entspringt ein wesentliches Dilemma solcher Transformationsvorhaben. Sie starten zumeist mit erheblichen Leistungsdefiziten im aktuellen operativen Geschäft, die dringlich einer Lösung zugeführt werden müssen, und gleichzeitig gilt es, einen noch viel weitreichenderen Umbau der strategischen Ausrichtung, der Organisations- und Führungsverhältnisse in Gang zu setzen. Diese Gleichzeitigkeit verschärft den Anspannungsgrad, der ohnehin auf den knappen Ressourcen lastet.

Im Wesentlichen berühren diese Veränderungsnotwendigkeiten drei miteinander hochverzahnte Schlüsselbereiche des Unternehmensgeschehens:

- die Art und Weise, wie die unternehmerische Führungsverantwortung auf mehrere Schultern (ggf. auf erst neu zu rekrutierende Persönlichkeiten) verteilt und wie das Zusammenspiel derselben organisiert wird, um die einzelnen Verantwortungsbereiche mit den erforderlichen Entscheidungen zu versorgen;
- die funktionale Logik, nach der der Organisationsaufbau und die wesentlichen Arbeitsprozesse angepasst an die strategische Ausrichtung strukturiert sind;
- die explizite Strukturierung des internen Kommunikationsgeschehens, das die wirksame Wahrnehmung der neuen Art von Führung erst ermöglicht und die erforderliche Koordination und Abstimmung möglichst reibungslos sicherstellt.

Da die Umgestaltung einer jeden dieser Dimensionen heftige Lernzumutungen für alle Beteiligten, angefangen von der Unternehmensspitze bis hin zu den Mitarbeitern am Band, bereithält, ist es ratsam, diesen Veränderungsprozess nicht einfach nur so passieren zu lassen, sondern als gesamthafte Transformation zu konzipieren und als in sich stimmiges Unternehmensentwicklungsvorhaben auch gezielt über einen längeren Zeitraum umzusetzen. Dafür bietet es sich an, relativ zeitnah aufeinander bezogen an mehreren Schlüsselstellen der Unternehmensführung gleichzeitig einen Musterwechsel in Gang zu setzen:

- Es geht zum einen um eine spürbare Ergänzung der unternehmerischen Intuition, des Blicks auf den Markt und die künftigen strategischen Herausforderungen. Dafür braucht es einen eigenen speziell angelegten Prozess der Strategieentwicklung, der neben der Spitze noch weitere Verantwortungsträger involviert und damit auf einer breiteren Basis die vorhandene dezentrale Intelligenz im Unternehmen für Strategiefragen mobilisiert. Eine periodisch stattfindende, explizite Auseinandersetzung mit den existenziellen Zukunftsfragen im Kreis der wichtigsten Entscheidungsträger im Unternehmen stellt das strategische Denken auf eine breitere Basis, stärkt die unternehmerische Kompetenz der Führungsebene unterhalb der Spitze und sorgt außerdem für eine qualitative Anreicherung der laufenden Feinjustierung in Fragen der strategischen Positionierung des Unternehmens und seiner Geschäftsbereiche, weil in den Entscheidungsprozess gezielt unterschiedliche Perspektiven einfließen können (vgl. dazu Wimmer 2020b).

- Es geht ferner darum, die in der Vergangenheit evolutionär um Schlüsselpersonen herum gewachsenen Organisationsverhältnisse in eine in sich durchdachte Organisationsarchitektur zu überführen, die sich primär an funktionalen Gesichtspunkten orientiert und die eigene Antwortfähigkeit auf die strategischen Herausforderungen des Marktes im Inneren des Unternehmens widerspiegeln soll. In diesem Zusammenhang rücken immer ganz bestimmte Grundsatzfragen in den Vordergrund, wie zum Beispiel: Sollen wir unsere unterschiedlichen Geschäfte in eigenen Business Units bündeln? Wenn ja, nach welcher Logik segmentieren wir diese (nach geografischen Gesichtspunkten, nach abgrenzbaren geschäftlichen bzw. produktbezogenen Aktivitäten, nach technologischen Aspekten, nach Kundenzielgruppen etc.)? Wenn sich keine Geschäftsfeldgliederung mit dezentraler Ergebnisverantwortung anbietet, welche Bauprinzipien für die Organisationsarchitektur kommen sonst noch infrage (z. B. eine Orientierung am Kernprozess der Wertschöpfung, an Projekten, wenn das Geschäft projektförmig abgewickelt wird, an der klassischen funktionalen Arbeitsteilung etc.)? Wie werden die wichtigsten unternehmensübergreifenden Supportfunktionen organisatorisch verankert, mit welchen Eingriffskompetenzen werden diese ausgestattet? Braucht es eine eigene Dachkonstruktion (etwa in Form einer Holding), die als Klammer das Ganze zusammenhält und steuert? Wie spiegelt sich der Internationalisierungsprozess im Organisationsaufbau? Welchen Stellenwert hat eine durchgängige Prozessorientierung für unser Geschäft? Welche Bedeutung besitzt die Digitalisierung für die Gestaltung dieser Prozesse? Wie werden wir den neuen Anforderungen an die Nachhaltigkeit aller Unternehmensaktivitäten gerecht? Die mit diesen Fragen verbundenen Festlegungen, vor allem der Umgang mit den unvermeidlicherweise eingebauten Widersprüchen und Zielkonflikten, die sich vielfach in verschiedenen Matrixkonstruktionen wiederfinden, sind alles andere als trivial. Das gewählte Organisationsdesign klärt zum einen, nach welcher Logik Aufgabenfelder in einzelnen Organisationseinheiten gebündelt werden (das ermöglicht Fokussierung und Spezialisierung), und zum anderen, welche Verbindungen in vertikaler und horizontaler Hinsicht erforderlich sind, um übergreifende Kooperation und Koordination systematisch sicherzustellen. Dieses sorgfältige Herauskristallisieren einer maßgeschneiderten Organisationslösung wie auch deren behutsame und gleichermaßen konsequente Umsetzung bedeuten eine der ganz großen Führungsherausforderungen in diesen wachstumsorientierten Phasen der Unternehmensentwicklung. Hier heißt es für alle Beteiligten, einen gewissen Grad an organisationaler Formalisierung in Kauf zu nehmen und von den tiefsitzenden Gewohnheiten, alles um Personen herum zu denken, und von den damit automatisch verbundenen Formen des alltäglichen Miteinanders ein Stück weit Abschied zu nehmen und Rückfälle in alte Muster unverdrossen zu überwinden.

- Die Kehrseite dieses sorgfältigeren Umgangs mit Organisationsfragen ist eine weitreichende Neuausrichtung der Personalpolitik. Während vorher die Aufgabenfelder den ausgewählten Personen, ihren Fähigkeiten und ihrer persönlichen Präferenz folgten, gilt jetzt das umgekehrte Prinzip. Man schaut sehr genau auf die organisational ausgewiesenen Positionen und auf die damit verbundenen Rollenanforderungen. Besetzungsentscheidungen basieren auf einem möglichst sorgfältigen Abgleich zwischen den Anforderungen und dem Begabungspotenzial der ins Auge gefassten Funktionsträger. Dieser veränderte Blick auf Personalentscheidungen hat im Zuge der hier beschriebenen Umbauprozesse häufig zur Folge, dass altgediente Wegbegleiter für Topführungsaufgaben nicht infrage kommen und dass das Unternehmen verstärkt Quereinsteiger von außen für Schlüsselpositionen rekrutieren muss. Beide Tendenzen führen zu heftigen Verunsicherungen und persönlichen Irritationen im gesamten Unternehmen, weil sie ein Stück weit den oft unausgesprochenen persönlichen Grundvertrag der Beschäftigten mit ihrem Unternehmen auf den Kopf stellen.
- Wie immer man sich in Fragen des Organisationsdesigns entscheidet, ihr praktisches Gelebtwerden hängt von den dazu passenden Führungsstrukturen ab. Es braucht klare Vorstellungen, welche Aufgaben an der Spitze konzentriert werden sollen, welche Entscheidungskompetenzen auf den Ebenen darunter wahrgenommen werden, wie das Zusammenspiel zwischen den Führungsebenen aussehen soll, was im jeweiligen Führungsteam zu entscheiden ist, was in der Einzelverantwortung bleibt etc. Mit diesen Festlegungen werden die Führungsbeziehungen neu geordnet, die Erwartungen an die Führungsleistungen wesentlich präziser definiert und deren Ergebnisse sorgfältiger einem Monitoring unterworfen. Für viele altgediente Verantwortungsträger bedeutet diese Neuordnung die emotional am meisten berührende Veränderung. Sie verlieren ihren direkten Zugang zur Führungsspitze und damit die letztlich sicherheitsspendende Adresse. Das ist ein Verlust, der in seiner Bedeutung in solchen Unternehmen gar nicht hoch genug eingeschätzt werden kann. Deshalb ist es für das Gelingen der Transformation absolut erfolgskritisch, dass den neuen Führungsbeziehungen Relevanz verliehen wird und die wachsende Distanz zur Unternehmensspitze ertragen werden kann. Es braucht letztlich eine gemeinsame Verständigung darüber, was man unter Führung versteht und welche Art von Praxis man diesbezüglich im Unternehmen fördern will. Die explizite Auseinandersetzung mit dem Thema Führung ist in diesen Umbauphasen von ganz besonderer Bedeutung, weil es hier einen heftigen Professionalisierungsschub auf allen Ebenen braucht, der sich aber seinerseits auf

ein gemeinsam geteiltes Führungsverständnis im Unternehmen stützen muss. Das Geschäft des Führens wird aus dem impliziten, unterschwellig mitlaufenden Geschehen, dessen erfolgreiche Bewältigung bei bewährten Verantwortungsträgern einfach mitvermutet wurde, herausgeholt und zu einer höchst anspruchsvollen Rollenanforderung, der auf der Seite der Rolleninhaber entsprechend ausgewiesene Fähigkeiten korrespondieren müssen (vgl. dazu von Ameln/Wimmer 2016). Die ernannten Führungskräfte stehen jetzt viel mehr im Rampenlicht, sie müssen sich in ihrer Glaubwürdigkeit und Kompetenz sehr viel mehr beweisen. In der Regel brauchen sie einiges an Unterstützung, um in diese neu profilierten Rollen angemessen hineinzuwachsen, d. h. um sich das erforderliche Handwerkszeug routiniert anzueignen. Eine besondere Aufmerksamkeit benötigen all jene Führungskräfte, die in dieser Phase neu ins Unternehmen geholt werden. Ihr »Onboarding« ist in bislang inhabergeführten Unternehmen eine ganz besonders heikle Führungsaufgabe, weil sie bei der Integration in ihr neues Umfeld üblicherweise auf erhebliche Abstoßungstendenzen stoßen. Zudem müssen sie lernen, wie sie an die geschichtlich gewachsenen Verhältnisse erfolgreich andocken und damit ihre mitgebrachten Fähigkeiten für den Transformationsprozess gezielt in Wirksamkeit bringen können.

- Explizites Führen ist auf Kommunikation angewiesen. Führen heißt, gelingende Verständigungsprozesse angepasst an die jeweilige Situation und Führungsherausforderung zu ermöglichen, um gemeinschaftlich getragene Entscheidungen herbeizuführen, sodass koordiniertes Handeln überhaupt erwartbar wird. Damit wird die effiziente Gestaltung des innerbetrieblichen Kommunikationsgeschehens zu einem ganz prominenten Feld in der Transformation der traditionellen Binnenstrukturen von Familienunternehmen. Die sorgfältige Ausformung der Frage, welche Besprechungsformate mit welchem Zweck mit welchen Teilnehmern es braucht, um die erforderlichen Informationen fließen zu lassen, Abstimmungen zu ermöglichen und die notwendigen Entscheidungen herbeizuführen, ist zweifelsohne auch eine ganz und gar ungewohnte Übung in traditionell geführten Familienunternehmen. Ohne ein gezieltes Gestalten dieser Dimension verbunden mit der Sorge, dass die institutionalisierten Kommunikationskreise auch ihren Nutzen nachhaltig erlebbar machen, treten die angedachten Veränderungen nicht wirklich ins Leben.
  Hier ist zweifelsohne ein gesunder Mittelweg zu finden zwischen der kargen Welt »informeller« familienähnlicher Verhältnisse und der zumeist beobachtbaren inflationären Vermehrung von Besprechungen, Meetings, Arbeitsgruppen etc. Diese Vermehrung spiegelt zunächst immer den Verlust der alten Abstimmungssicherheiten wider. In einer konsensorientierten, eher konfliktvermeidenden Kultur werden dann endlose Besprechungsschleifen gezogen, bis endlich tragfähige Entscheidungen zustande kommen. Damit gehen gerade die tradierten Fähigkeiten wie hohe Flexibilität und Geschwindigkeit verloren. Ein konfliktbewussteres Entscheidungsverhalten auf allen Führungsebenen hat dem vorzubeugen.

Insgesamt ist der beschriebene Musterwechsel mit einer Vielzahl von Risiken verbunden. Bislang überhaupt nicht gekannte Rivalitätskämpfe um Rangunterschiede brechen aus, Quereinsteiger glauben, sich über die tradierte Kultur einfach hinwegsetzen zu können und ihre mitgebrachten Routinen auf Biegen und Brechen durchsetzen zu müssen. Sie stoßen damit auf eine heftige »Immunabwehr« des Systems und werden ausgegrenzt. Neu festgelegte Führungsverantwortlichkeiten werden systematisch unterlaufen, Organisationsfestlegungen wieder aufgemacht, der direkte persönliche Zugang zur Spitze wird wieder zurückerobert, die Sehnsucht nach dem »verlorenen Paradies« verbindet vor allem die Altgedienten und Repräsentanten der tradierten Werte. Da braucht es eine Zuversicht ausstrahlende Unternehmensspitze, die viel Verständnis für die Sorgen und Nöte der Leute aufbringt, aber den eingeschlagenen Weg konsequent weitergeht und nicht selbst in alte autokratische Muster zurückfällt, bis Schritt für Schritt die veränderten Strukturen ins Leben treten und ihre Funktionstüchtigkeit in der Bewältigung der neuen Wachstumsanforderungen unter Beweis stellen (vgl. speziell zu den Führungsherausforderungen so weitreichender Veränderungen Wimmer 2017). Gelingt es, einen Veränderungsprozess zu steuern, im Zuge dessen das Zutrauen in die Aufrechterhaltung wesentlicher Merkmale eines gut geführten Familienunternehmens wächst und gleichzeitig die Sinnhaftigkeit deutlich geänderter Führungs- und Organisationsverhältnisse alltäglich unter Beweis gestellt wird, dann festigen sich postpatriarchale Strukturen, die im Sinne einer Hybridlösung das Beste aus beiden Welten (inhaber- und managergeführte Unternehmen) miteinander kombinieren (zu diesem »Hybrid«-Gedanken vgl. auch Colli 2003).

6 Das Vorgehen im Umbau der tradierten Strukturen in familiengeführten Unternehmen

Es sollte aus den vorangegangenen Überlegungen deutlich geworden sein, dass das Einleiten und Steuern der ins Auge gefassten Veränderungen keine einfache Sache ist. Solche Vorhaben verdienen den allerhöchsten Respekt. Es ist ein Umbauen der zentralen Fundamente eines auf traditionelle Weise geführten Familienunternehmens und das »bei laufendem Motor«. Das operative Geschäft muss ja erfolgreich weitergehen und sollte durch die Veränderungsanstrengungen nach Möglichkeit nicht beeinträchtigt werden. Diese Ausgangsbedingung beschreibt das zentrale Dilemma so weitreichender Umstrukturierungen der Führungs- und Organisationsverhältnisse. Sie binden über einen längeren Zeitraum im Unternehmen enorm viel Energie und Aufmerksamkeit, die zusätzlich zum Tagesgeschäft und seinen Veränderungsanforderungen aufgebracht werden muss. Diese erhebliche Zusatzenergie ist jedoch nicht frei verfügbar, denn familiengeführte Unternehmen zeichnen sich ja gerade dadurch aus, dass sie versuchen, mit äußerst knappen Ressourcen auszukommen, und damit auf allen Ebenen stets mit einem hohen Anspannungsgrad operieren. Da gibt es in der Regel keine zusätzlich mobilisierbaren Reserven. Dieser hohe Anspannungsgrad betrifft die Unternehmensspitze wie alle anderen Leistungsträger gleichermaßen. Deshalb ist es von ausschlaggebender Bedeutung, dass sich die verantwortlichen Entscheidungsträger des Umstandes bewusst sind, dass sie für die Mobilisierung und dauerhafte Verfügbarkeit dieser zusätzlich erforderlichen Veränderungsenergie Sorge zu tragen haben. Gelingt diese Energieaufladung im Unternehmen auf einer breiteren Basis nicht, dann versanden Veränderungsimpulse auf der Ankündigungsebene und die gesamte Organisation bleibt auf die erfolgreiche Bewältigung des Tagesgeschäfts fokussiert. Diese Gefahr des Verpuffens von Veränderungsinitiativen ist bei familiengeführten Unternehmen noch zusätzlich durch den Umstand erhöht, dass sie wenig Erfahrung und Routine in der Bewältigung von einschneidenden organisationalen Umbauten besitzen. Vielfach blicken sie auf Jahrzehnte einer kontinuierlichen inkrementellen Entwicklung zurück, die ohne nennenswerte »Changeprogramme« ausgekommen ist. Die folgenden Überlegungen dienen unter anderem auch der Bewältigung dieses unvermeidlichen Ausgangsdilemmas.

6.1 Der Gesellschafterkreis verständigt sich über das Veränderungsvorhaben

Wenn aufgrund der Einheit von Eigentum, Führung und Familienoberhaupt alle Entscheidungsmacht bei einer Person gebündelt ist, dann ist dieser Startpunkt vergleichsweise einfach zu gestalten. Beim Unternehmer bzw. der Unternehmerin muss die belastbare Einsicht reifen, dass es einen einschneidenden Musterwechsel in der Art der Führung braucht, wenn das Unternehmen eine erfolgreiche Fortsetzungsperspektive haben will. Das Ausreifen dieser Einsicht ist keineswegs eine Selbstverständlichkeit, weil sich solche pionierhaften Unternehmerpersönlichkeiten damit von ihrer oft über Jahrzehnte praktizierten Art, das Unternehmen voranzubringen, verabschieden müssen. Nur wer weiß, wie identitätsstiftend die Symbiose von erfolgreicher Unternehmensentwicklung und persönlicher Entfaltung des Inhabers an der Spitze ist, kann ermessen, was es heißt, zu dieser Einsicht zu kommen und sich mit den weitreichenden Konsequenzen derselben anzufreunden. Dieser Prozess braucht eine grundlegende Umformung dessen, was Unternehmersein in dieser Phase der Unternehmensentwicklung heißt: nämlich die ganze Autorität und Kraft darauf zu richten, dass der Umbau der angestammten Führungsverhältnisse gelingt und damit die eigene alte Rolle nicht mehr gebraucht wird. Diese Rollentransformation ist ein persönlich enorm anspruchsvoller Prozess, der zur Voraussetzung hat, dass die Erkenntnis innerlich zutiefst angenommen werden kann, dass für eine erfolgreiche Zukunft des Unternehmens ein Musterwechsel in der Führung unerlässlich geworden ist und dass es jetzt darauf ankommt, all seine Kraft in den Dienst dieses Wechsels zu stellen. Die Erfahrung lehrt, dass es für den angesprochenen Rollenwechsel ausgesprochen hilfreich sein kann, sich dabei durch ein Coaching begleiten zu lassen. Für solche Persönlichkeiten ist es allerdings gar nicht so einfach, eine solche Unterstützung in Anspruch zu nehmen.

Existiert bereits ein etwas verzweigterer Gesellschafterkreis in der Unternehmerfamilie, dann gilt es, diesen (möglicherweise) nicht im Unternehmen tätigen Personenkreis in solche Überlegungen intensiv einzubeziehen, um sicherzustellen, dass alle die Unausweichlichkeit der angedachten Veränderungen verstanden haben und die diesbezüglichen Entscheidungen voll mittragen. Warum ist dieses Commitment im Gesellschafterkreis so wichtig? Mit dem Umbau der Führung im Unternehmen ändern sich auch die Möglichkeiten der Eigentümer bzw. der Familie, in einer bestimmenden Weise direkten Einfluss und Kontrolle auf das Unternehmen und seine Entwicklung auszuüben. Die folgerichtig damit verbundene Weiterentwicklung der Corporate Governance hat erhebliche Konsequenzen für die Qualität der Entscheidungsfindung im Gesellschafterkreis und deshalb auch für die dort erwarteten Kompetenzen. Die Veränderungen in der Führung des Unternehmens und die Stärkung der Entscheidungsfähigkeit auf der

Eigentümerseite sind korrespondierende Entwicklungen, die in ihrer wechselseitigen Bedingtheit gesehen werden müssen. Löst sich die Einheit von Führung, Eigentum und Oberhaupt der Unternehmerfamilie auf, dann braucht es eine Stärkung der unternehmerischen Verantwortungsübernahme in der Familie, damit sie auch bei einer geänderten Führungskonstellation im Unternehmen als ernst zu nehmendes Gegenüber für dieselbe fungieren kann (zu diesem unvermeidlichen Strukturwandel der Unternehmerfamilie vgl. eingehend von Schlippe et al. 2017).

6.2 Die Ausgangslage für das konkrete Anschieben der Veränderungen kann ganz unterschiedlich aussehen

Die damit angesprochenen Unterschiede hängen davon ab, in welcher Phase sich die Unternehmerpersönlichkeit an der Spitze des Unternehmens mit Blick auf die eigene Lebensperspektive gerade befindet. Da sind grundsätzlich vier Varianten denkbar:

a) Ein bereits langjährig wirksamer CEO aus dem Eigentümerkreis entschließt sich aufgrund seiner Einsichten in den unternehmerischen Weiterentwicklungsbedarf des Unternehmens, den Umbau desselben selbst in Angriff zu nehmen, und zwar mit der Perspektive, auch künftig im Kreis eines um andere ergänzten Topmanagementteams als CEO tätig zu bleiben. Ist sein Entschluss gefallen, dann sucht er/sie sich zwei oder drei Vertraute aus dem Unternehmen, denen er es zutraut, die Veränderungen mit ihm zu konzipieren, eine Funktion im künftigen Topmanagementteam zu übernehmen und aus dieser Rolle heraus die ersten Schritte zu setzen. Zu diesem Team kann auch ein bereits designierter Nachfolger aus dem Kreis der Familie gehören. Dieser Schritt erfolgt noch streng vertraulich, ohne weitere Teile des Unternehmens mit dem Vorhaben eingehender zu befassen.

b) Der/Die bereits erfolgreich etablierte Nachfolger*in startet diesen Prozess als Umsetzungsschritt des Generationswechsels an der Seite des Seniors, gemeinsam nehmen sie die Führungsverantwortung wahr und ziehen für diesen Schritt zumeist ein Team von familienfremden Schlüsselspielern hinzu. Senior und Junioren gehen in diesen Veränderungsprozess mit der Perspektive, die Transformation in einer gemeinsamen Verantwortung zu bewältigen und dann noch einige Jahre Seite an Seite in der veränderten Führungskonstellation wirksam zu werden.

c) Der Generationswechsel ist bereits weitestgehend vollzogen. Der Senior begleitet und unterstützt aus dem Aufsichtsrat bzw. Beirat heraus den Umbau der Führungsstrukturen. Der Junior bzw. die Junioren verstärken sich für ihr Vorhaben mit einem Team von familienfremden Managern. Mit ihnen zusammen bilden sie das Kernteam, das den Umbau konzipiert und die Transformation in Gang setzt.

d) Die Eigentümer übertragen die Führungsverantwortung zur Gänze an ein Team familienfremder Manager und geben die erforderliche Rückendeckung für die ins Auge gefassten Veränderungen aus einer Aufsichts- bzw. Eigentümerfunktion heraus. Zumeist werden in dieses Team auch Persönlichkeiten berufen, die von außen kommen und denen man es zutraut, unbeeindruckt von den gewachsenen persönlichen Beziehungen und Loyalitäten der bisherigen Firmengeschichte den Transformationsprozess konsequent voranzutreiben.

Diese unterschiedlichen Ausgangskonstellationen bergen deutlich unterschiedliche Chancenpotenziale, aber auch Risiken für einen nachhaltigen Erfolg des Übergangs zu einer postpatriarchalen Führungs- und Organisationswelt. In dem unvermeidlichen Spannungsfeld zwischen dem Erhalt möglichst vieler Merkmale der tradierten familienähnlichen Kultur des Miteinanders und dem weitgehenden Setzen auf organisationsförmige Strukturen und Prozesse sowie auf stärker professionalisierte Führungspraktiken betonen die geschilderten Ausgangskonstellationen entweder mehr die eine Seite oder mehr die andere. Beides ist mit erheblichen Risiken verbunden. Entweder wird der Veränderungsprozess nur halbherzig umgesetzt und verliert dadurch seine Glaubwürdigkeit oder es gehen die entscheidenden Leistungsvorteile eines Familienunternehmens verloren. In diese Risiken ist also ein erhebliches Konfliktpotenzial eingebaut. Günstigerweise haben die Verantwortlichen, unabhängig von der gewählten Konstellation, dieses Potenzial vor Augen, um die damit verbundenen Zielkonflikte laufend einer konstruktiven Aushandlung zuzuführen. Jede Einseitigkeit in diesem Spannungsfeld schädigt die Zukunftsfähigkeit des Unternehmens und seine nachhaltige Führbarkeit.

6.3 Unerlässlich ist eine gemeinsam getragene Vorstellung davon, welche geschäftspolitische Strategie mit dem Unternehmen in einem längerfristigen Zeithorizont verfolgt wird

Jeder Unternehmer stützt sich in strategischer Hinsicht auf eine Reihe von Grundüberzeugungen und intuitiv gefestigten Gewissheiten. Für den angedachten Transformationsprozess gilt es, dieses mehr oder weniger implizite Wissen mit anderen zu teilen und damit explizit auch auf den Prüfstand zu stellen. Wie werden die aktuellen strategischen Herausforderungen des Unternehmens von den einzelnen Mitgliedern des Topmanagements gesehen? Wie werden sich diese in Zukunft verändern? Welche Trends sind dafür bestimmend? Kann man sich über diese Fragen miteinander verständigen, dann entsteht ein gemeinsam geteiltes Zukunftsbild, vor dessen Hintergrund begründeterweise eine strategische Positionierung vorgenommen werden kann. Diese ist immer ein revidierbar zu haltender Antwortversuch auf unternehmerisch gesehene Chancen bzw. Bedrohungen in der Zukunft des Unternehmens. Diese unternehmerische Dimension gilt es – soweit irgend möglich – zu Beginn des angedachten Transformationsprozesses auf mehrere Schultern zu verteilen und so zu verschmelzen, dass sie in weiterer Folge als Team wahrgenommen und laufend erneuert werden kann. Dieses in einem kleinen Kreis gemeinsam getragene Zukunftsbild liefert (wie an anderer Stelle bereits betont) den so wesentlichen Begründungszusammenhang, warum die tradierte Führungswelt zukünftig nicht mehr fortgesetzt werden kann. Es geht also um die möglichst nachvollziehbare Beschreibung jener strategischen Herausforderungen, die die angedachten Veränderungen unausweichlich machen. Die auf diese Weise erfolgte Erweiterung der unternehmerischen Verantwortung erzeugt ein Set von geschäftspolitischen Festlegungen, auf die sich die Führungsmannschaft geeinigt hat, die dann den Hintergrund für die entscheidende Frage abgeben, wie die Organisation im Detail aufgestellt werden soll, um den künftigen Herausforderungen im operativen Geschäft gerecht werden zu können.

6.4 Die Entwicklung eines strategieadäquaten Organisationsdesigns und der dazu passenden Führungsstrukturen

Die sorgfältige Bearbeitung dieses an die Strategieentwicklung anschließenden Schrittes ist für das Gelingen des gesamten Transformationsprozesses besonders erfolgskritisch. Er braucht eine gemeinsam entwickelte Vorstellung davon, welche Varianten der organisatorischen Gliederung für das eigene Geschäft denkbar sind: Folgen wir der Logik einer Unterteilung in Geschäftsfelder oder dem Prinzip einer durchgängigen Prozessverantwortung? Setzen wir auf den Primat einer Gliederung nach Funktionen, wie es vielfach noch üblich ist? Welche matrixförmigen Lösungen sind für unser Geschäft angemessen? Wie soll sich der Grad der von uns angestrebten Internationalisierung im Organisationsdesign widerspiegeln? Benötigen wir zusätzlich zum bestehenden Geschäft eine eigene start-up-förmig organisierte Einheit, um uns gezielt mit Geschäftsmodellinnovationen zu versorgen, die uns für disruptive Entwicklungen antwortfähig machen? Die verbreitete Tradition, Unternehmen sich in ihrer Organisation um engagierte Personen herum entwickeln zu lassen, erschwert das Denken in solchen Organisationskategorien. Man hat gelernt, in Personen zu denken und auftauchende Organisationsprobleme mit Personen zu lösen. Sich von solchen Denkgewohnheiten zu lösen, ist keine leichte Übung.

Die gestiegene Komplexität der Markt- und Wettbewerbsherausforderungen, denen sich heute Unternehmen gegenübergestellt sehen, erzwingt vielfach Organisationslösungen, die unterschiedliche Gliederungsvarianten klug miteinander kombinieren, um wichtige Perspektiven (regionale, prozessorientierte, funktionale, geschäftsbereichsspezifische) in den alltäglichen Entscheidungsprozessen angemessen miteinander zu verknüpfen. Dies führt stets zu matrixförmigen Konstellationen, die unvermeidlich konflikthafte Einflussbeziehungen in der Steuerung des Geschäfts nach sich ziehen, geht es doch darum, das Finden kundenadäquater Lösungen mit dem Erfordernis der Kostenoptimierung, mit Gesichtspunkten der Nachhaltigkeit und weiteren vergleichbaren unternehmerischen Zielen vereinbar zu machen. Die produktive Nutzung dieser Perspektivenvielfalt ist eine wesentliche Aufgabe der neu zu gestaltenden Führungsprozesse, die darauf auszurichten sind, Entscheidungen herbeizuführen, die dem Gesamtwohl des Unternehmens dienen und nicht in erster Linie ein Partikularinteresse, d. h. eine einzelne Zieldimension, optimieren.

Für diesen Prozess, ein für das jeweilige Unternehmen wirklich maßgeschneidertes Organisationsdesign zu finden, das die Verwirklichung der strategischen Ausrichtung nachhaltig unterstützt, sollte man sich die erforderliche Zeit nehmen. Diese dem Komplexitätsgrad der eigenen Geschäfte und der angepeilten Wachstumsperspektiven angemessene Organisationslösung schüttelt man nicht so einfach aus dem Ärmel. Je sorgfältiger dieses Konzept ausgearbeitet wird, umso leichter ist auch zu beschreiben, in welchen Dimensionen das Unternehmen einen weiteren Professionalisierungsschub benötigt und welche Ressourcen dafür erforderlich sind (z. B. im Bereich des Controllings bzw. im Finanzwesen ganz allgemein, im HR-Bereich, in der Weiterentwicklung der IT-Systeme, im Beschaffungswesen, in der Standardisierung des Produktionsgeschehens etc.). Ohne ein gezieltes Investieren in diese wichtigen Kompetenzfelder fehlt den Führungsverantwortlichen in ihren Bereichen vielfach die notwendige Einschätzungsgrundlage und professionelle Unterstützung.

Schon an diesen Überlegungen wird deutlich, wie voraussetzungsvoll sich das Geschäft des Führens in Zukunft gestalten wird und wie eng dieses mit dem gefundenen Organisationsdesign verknüpft ist. Es wird aber auch unmittelbar einsichtig, dass das Gelingen dieser Führungsleistungen sowohl an der persönlichen Performance der einzelnen Verantwortungsträger hängt, aber in gleichem Maße auch am Zusammenspiel derselben auf gleicher Ebene wie auch über Hierarchieebenen hinweg, denn gelingende Führung ist in diesem Sinne letztlich eine Mannschaftsleistung und nicht nur dem Tun einzelner »großartiger« Persönlichkeiten zuzurechnen (ausführlicher zu dieser »postheroischen« Sicht auf Führung Wimmer 2009 und 2012).

Diese speziellen Anforderungen an Führung bilden die Grundlage, um für jede Position – angefangen beim CEO – bis zu den unteren Führungsebenen genauer beschreiben zu können, welche Führungsaufgaben bzw. Verantwortlichkeiten auf der jeweiligen Position gebündelt sind und welchen Rollenanforderungen ein/e Stelleninhaber*in im jeweiligen Kooperationsnetzwerk gerecht werden muss. Mit dieser Perspektive wird es möglich, bei Stellenbesetzungen einen sorgfältigen Abgleich zwischen diesen Rollenanforderungen auf der einen Seite und den vermuteten Fähigkeiten und Begabungspotenzialen der für eine Besetzung infrage kommenden Personen auf der anderen Seite vorzunehmen. Werden solche Abgleichprozesse, die stets höchst sensible persönliche Themen berühren, zur normalen Voraussetzung von Personalentscheidungen, dann hat das Unternehmen einen wichtigen Schritt in postpatriarchale Verhältnisse geschafft. Am Beginn dieses Transformationsprozesses ist bereits viel gewonnen, wenn das Topmanagementteam selbst in der Lage ist, diese Logik auf die interne Aufgabenverteilung im Team und die entsprechende Zuordnung auf die beteiligten Personen zur Anwendung zu bringen. Diese Selbstanwendung ist absolut keine leichte Übung, weil sie auf Funktionsträger trifft, die allesamt ihre Position der überkommenen personenorientierten Logik verdanken und diese Übung eine mögliche Infragestellung ihrer Eignung für die vorgesehenen Toppositionen nach sich zieht.

6.5 Wie sehen im Detail die einzelnen Implementierungsschritte für den angestrebten Strukturwandel aus?

Mit der Bearbeitung der im Vorangegangenen genannten Themenfelder hat sich das Topmanagementteam die wesentlichen Entscheidungsgrundlagen geschaffen, um sich ein Vorgehenskonzept (eine Veränderungsarchitektur) für die Implementierung des ins Auge gefassten Umbaus zurechtzulegen. Die Frage, in welchen Schritten man den Rest der Organisation auf dem Weg in diese postpatriarchale Richtung mitnimmt, ist keineswegs einfach zu beantworten. Klar ist, dass jetzt der Zeitpunkt naht, an dem das Unternehmen über das Vorhaben, über das Warum und Wieso sowie im Groben auch über die Zeitachse in der Umsetzung einzelner Schritte in Kenntnis gesetzt wird. Empfehlenswert ist es, dafür nicht nur einen einmaligen Kommunikationsevent vorzusehen, sondern darüber hinaus eigene Gesprächsformate anzubieten, in denen die Leute (am besten mit einzelnen Mitgliedern des Topteams) das Ganze durchdiskutieren können, sodass bei den Betroffenen erste Bilder entstehen, was hier auf das Unternehmen zukommt und welche Implikationen diese Veränderungen möglicherweise für einzelne Bereiche, für Aufgabenfelder, Verantwortlichkeiten und Rollen zeitigen werden.

In enger zeitlicher Rufweite zu dieser Kommunikationsoffensive gilt es, die Ebene unterhalb des Topmanagementteams hinsichtlich der dort angesiedelten Führungsaufgaben und Verantwortlichkeiten genau zu definieren und mit geeigneten Funktionsträgern zu besetzen (sei es aus dem eigenen Bestand oder durch eine externe Rekrutierung). Das sind zweifelsohne absolut erfolgskritische Personalentscheidungen, die es im Spitzenteam sorgfältig abzuwägen gilt. Es ist ratsam, um die Mitglieder dieser nächsten Führungsebene herum dann kleine Teams bestehend aus erfahrenen und veränderungsoffenen Funktionsträgern zu bilden, deren Aufgabe es ist, die im Topmanagement angedachten Organisationslösungen hinsichtlich ihrer Stimmigkeit und Praktikabilität auf den Prüfstand zu stellen und eventuell ein Feintuning vorzuschlagen. Im Spitzenteam werden dann gemeinsam mit der nächsten Führungsebene diese Anregungen mit Blick auf ihre Plausibilität und Konsistenz hinsichtlich der Gesamtarchitektur durchdiskutiert und für die Umsetzung freigegeben.

Die Umsetzung selbst kann schrittweise erfolgen, indem in geeigneten Teilbereichen die veränderten Verhältnisse schon mal ins Leben gerufen werden, ohne damit das Gesamtunternehmen auf einen Schlag in Unruhe zu versetzen. Oder der Transformationsprozess startet möglichst ganzheitlich, wenn es funktional sinnvoll ist und dies der Organisation zumutbar ist. Voraussetzung ist in jedem Fall, dass die verantwortlichen Führungsteams in den neu gebildeten Organisationseinheiten sich konstituiert haben und sowohl hinsichtlich ihres Aufgabenspektrums, aber auch hinsichtlich ihres persönlichen Miteinanders bereits Fuß gefasst haben. Die hier angeregten Beteiligungsschritte zielen nicht nur darauf ab, die Treffsicherheit der gefundenen Organisationslösungen zu erhöhen. Wenn diese Schritte moderativ klug gesteuert werden, dann kommt es auch zu einem wirksamen Übernehmen der in den einzelnen Organisationsbereichen eingebauten Führungsverantwortung. Dieses Hineinwachsen in die neu konfigurierten Rollen und Prozesse ist ein kollektiver Lernprozess, der darauf angewiesen ist, dass alle Beteiligten im Führungssystem einander beobachten und in der Rollenveränderung bzw. in der Stabilisierung der neu definierten Prozesse unterstützen.

Erfahrungsgemäß dauert es mehrere Jahre, bis die geänderten Führungs- und Organisationsverhältnisse zur selbstverständlich praktizierten Normalität im alltäglichen Miteinander geworden sind. Diese Phase der Implementierung gilt es seitens der Führung behutsam, aber ganz konsequent zu begleiten und bei Bedarf immer wieder nachzujustieren. Unverzichtbar für dieses Nachsteuern sind periodische Gelegenheiten, in denen sich Führungsteams, speziell auch das Spitzenteam, eine Auszeit nehmen, um sich hinsichtlich der veränderten Rollen wechselseitig Rückmeldungen zu geben, um so auch die erforderlichen persönlichen Lernprozesse zu stimulieren. Bei diesen Teamklausuren ergibt sich stets auch die Möglichkeit, eine Zwischenbilanz hinsichtlich des Fortgangs der Implementierung zu ziehen und aus den gewonnenen Einsichten die erforderlichen Anpassungsentscheidungen abzuleiten. Es ist völlig normal, dass sowohl in organisatorischer wie auch in personeller Hinsicht an der einen oder anderen Stelle Kurskorrekturen oder auch Anpassungen erforderlich werden. Wichtig dabei ist aber, dass solche Entscheidungen im Modus des neu gewonnenen Führungsverständnisses getroffen werden und nicht einen Rückfall in alte Praktiken signalisieren. Die Gefahr, kollektiv rückfällig zu werden, ist über eine geraume Zeit hinweg sehr groß und dabei ist vor allem das Spitzenteam (und hier speziell die Mitglieder aus der Eigentümerfamilie) gefordert, solchen Tendenzen durch die eigene Vorbildwirkung unmissverständlich etwas entgegenzustellen. Sehr hilfreich kann es in der Phase der Implementierung sein, speziell für das Hineinwachsen in die neuen Führungsrollen genau dafür maßgeschneiderte Qualifizierungs- und persönliche Entwicklungsprogramme anzubieten. Dadurch entstehen emotional geschützte soziale Räume, in denen gemeinsam mit anderen eine vertiefte Auseinandersetzung mit den geänderten Führungsanforderungen stattfinden kann und die eigenen Kompetenzen in die erwartete Aufgabenrichtung gegebenenfalls erweitert werden können.

6.6 Das Etablieren neuer Kommunikationsroutinen

Es ist bereits in den vergangenen Abschnitten dieses Textes deutlich unterstrichen worden, wie eng die traditionell pionierhafte Führungspraxis an ganz charakteristische vielfach familienähnliche Kommunikationsmuster geknüpft ist. Diesen Mustern liegen fest verankerte Gewohnheiten zugrunde, die ausgesprochen schwer zu verändern sind, nicht zuletzt deshalb, weil mit ihnen ein hohes Maß an persönlicher Rollensicherheit verbunden ist. Deshalb steht und fällt die Implementierung der neuen Führungsverhältnisse damit, dass mit aller Behutsamkeit eine Reihe von Formaten der Regelkommunikation eingerichtet werden (sei es in den jeweiligen Führungsteams, sei es in bereichsübergreifenden Settings). In diesen Formaten kann regelmäßig um eine gemeinsame Orientierung, aber auch um gemeinsam getragene Problemlösungen und Entscheidungsfestlegungen gerungen werden, auf die wechselseitig Verlass ist. In den wesentlich komplexer gewordenen Organisationsverhältnissen nimmt der Koordinations- und Abstimmungsbedarf sowohl in den vertikalen Führungsbeziehungen wie auch horizontal über die einzelnen Organisationseinheiten hinweg deutlich zu. Es gilt, immer wieder in den Meetings unterschiedliche, zumeist einander widersprechende Zieldimensionen zu synchronisieren. Für den sorgfältigen Umgang mit solchen Entscheidungslasten braucht es geeignete »Gefäße«, deren Bereitstellung zum Alltag aller Beteiligten passt, weil sie ganz handfest erleben, dass diese Kommunikationsroutinen die eigene Aufgabenerledigung reibungsloser und effizienter vonstattengehen lassen.

Der tiefere Sinn solchermaßen institutionalisierter Kommunikationsanlässe besteht letztlich darin, dass vorhandene Differenzen und Konflikte zwischen den beteiligten Funktionsträgern offen auf den Tisch kommen und einen Aushandlungsprozess anstoßen, bei dem die Beteiligten nach einer Lösung suchen, die dem übergeordneten Gesamtwohl dient, ohne dabei Sieger und Verlierer zu produzieren. Das ist ein produktiver Umgang mit Konflikten, der in inhabergeführten Unternehmen üblicherweise nicht eingeübt ist. Deshalb ist es am Beginn des Implementierungsprozesses erwartbar, dass die Beteiligten an diesen neu etablierten Kommunikationssettings vorbei im Vorfeld bilateral ihre Differenzen abklären und damit die offiziellen Meetings eine sinnentleerte Formalität darstellen. Dort passiert dann außer einem Sich-wechselseitig-Informieren nichts Relevantes. Die damit verbundene Entwertung formeller Kommunikationsanlässe und die Verlagerung des »eigentlichen« Gesprächsbedarfs in bilaterale Kontakte im Vorfeld oder im Nachgang von Meetings ist einer der zentralen Mechanismen, der die Implementierung der angestrebten Führungsverhältnisse auf halbem Wege stecken bleiben lässt. Deswegen ist es von so elementarer Bedeutung, dass die sparsam eingerichteten Formate der Regelkommunikation (ob face to face oder auf Onlinebasis) in ihrer Produktivität und Leistungsfähigkeit sehr sorgsam gepflegt und weiterentwickelt werden. Das ist zweifelsohne eine der Kernaufgaben von Führung in diesem Implementierungsgeschehen.

Wir schließen diese Überlegungen zur Steuerung des Transformationsprozesses auf dem Weg in eine postpatriarchale Welt mit der Frage ab, woran man ablesen kann, dass man mit dem Unternehmen im Großen und Ganzen in dieser Welt angekommen ist.

7 Merkmale der postpatriarchalen Führungs- und Organisationsverhältnisse

7.1 Ein funktionstüchtiges TMT im Zusammenspiel mit einem einflussstarken Aufsichtsgremium und einem kompetenten Gesellschafterkreis

Wir treffen an der Spitze des Unternehmens auf ein Topmanagementteam (TMT), das in der Regel aus Mitgliedern der Eigentümerfamilie und familienfremden Funktionsträgern besteht. Dieses Team weist eine sorgfältig durchdachte innere Aufgabenverteilung auf sowie klare Ordnungsprinzipien für die Steuerung der gemeinsamen Arbeit, für die zugrunde liegenden Rollen und Verantwortlichkeiten, für den Prozess der Entscheidungsfindung und die Führungsimpulse in die jeweils zugeordneten Organisationseinheiten. Diese innere Ordnung des TMT wie auch die Gestaltung seiner Führungsbeziehungen und die damit verbundenen Verantwortlichkeiten spiegeln insgesamt ein klug konzipiertes Organisationsdesign wider, das in der Logik seiner Aufgliederung in Subeinheiten wie in den festgelegten übergreifenden Kooperationsprozessen möglichst all das abdeckt, was aktuell bzw. in Zukunft an strategisch relevanten Bearbeitungsbedarfen gesehen wird.

Absolut erfolgskritisch für eine unternehmerisch geprägte Führbarkeit des Gesamtunternehmens ist die Frage nach der Teamqualität des Gremiums an der Spitze. An seiner Arbeitsfähigkeit entscheidet sich die Frage, ob an der Spitze des Unternehmens von allen Beteiligten ein außerordentliches Kraftzentrum erlebt wird, vergleichbar dem, was früher von den Pionieren an Energie ausgegangen ist. Dieses Kraftzentrum wirkt als »Role Model« für andere Führungsteams in den der Spitze unmittelbar zugeordneten Organisationseinheiten. In diesem Sinne sind die neu etablierten Führungsstrukturen, angefangen vom TMT bis in die untersten Verzweigungen der Organisation sowie die damit einhergehenden Führungsprozesse und Zusammenarbeitserfordernisse eine unmittelbare Resonanz der bewusst gewählten Organisationsarchitektur. Das alles ist natürlich nicht in Stein gemeißelt, sondern ein lebendiges Gefüge, das sich in Reaktion auf erkannte Herausforderungen kontinuierlich weiterentwickelt.

Zumeist schaffen die Gesellschafter für eine dermaßen veränderte Führungskonstellation ein eigenes Aufsichtsgremium (Aufsichtsrat oder Beirat), um dort ganz bestimmte, die Unternehmensführung begleitende Kontrollfunktionen und Mitentscheidungskompetenzen der Unternehmerfamilie zu bündeln. Mit der Einrichtung solcher in der Regel durchaus einflussstarker Aufsichtsgremien erhält das TMT ein unternehmerisch kompetentes Gegenüber, das bei bedeutsamen Entscheidungen als ein Sparringpartner genutzt werden kann. Dieses Gremium ist jedoch auch der Ort, an dem die nicht in der Unternehmensführung tätigen Gesellschafter im Zusammenspiel mit familienfremden Mitgliedern des Gremiums ihre aktiv gestaltende unternehmerische Verantwortung wahrnehmen können. Letzterer Punkt ist besonders bedeutsam, wenn im TMT kein Mitglied der Familie mehr anzutreffen ist. Insgesamt führt also die Ausdifferenzierung der Einheit von Eigentum, Führung und Familienoberhaupt zu einem achtsam austarierten Zusammenspiel zwischen Unternehmensführung, Aufsicht und Gesellschafterkreis, ein Zusammenspiel, das in der damit einhergehenden Corporate Governance sowohl dem komplexer gewordenen Führungsbedarf auf der Seite des Unternehmens als auch den Interessen eines deutlich heterogeneren Gesellschafterkreises gerecht werden kann, ohne auf diesem Wege den Charakter als Familienunternehmen zu verlieren (vgl. dazu Kormann 2017).

In der Arbeitsweise der Führungsverantwortlichen kristallisiert sich mehr und mehr heraus, wo die inhaltlichen Schwerpunkte des nun deutlich differenzierteren Führungsgeschehens letztlich liegen. Vieles von dem, was sich früher an Steuerung implizit nebenbei erledigt hat, braucht jetzt einen dezidierten Platz in der alltäglichen Agenda. So wird im TMT deutlicher unterschieden zwischen der Bearbeitung strategischer Themen und der routinemäßigen Steuerung des operativen Geschäfts. Beide Felder erfordern unterschiedliche Formen des Bearbeitens und des teamförmigen Miteinanders. Dieser Differenz korrespondieren deutlich unterschiedene Zeithorizonte in der Steuerung der Unternehmensentwicklung. Einerseits geben die Aktivitäten der jährlichen Budgetplanung den Rahmen und die Ziele für das operative Geschäft vor, andererseits ist die revolvierende strategische Ausrichtung auf eine mittel- und langfristige Perspektive ausgerichtet. Beide Zeithorizonte bedürfen einer gezielten Verzahnung, auch wenn die diesbezüglichen Festlegungen in ganz unterschiedlichen Prozessen mit einem unterschiedlichen Beteiligungsgrad der Mitwirkenden zustande kommen. In diese Zeithorizonte sind stets auch Überlegungen über die anzustrebenden Wachstumsziele und über die erforderlichen Finanzierungsmöglichkeiten eingebaut. Dies impliziert in der Regel einen proaktiven Aufbau von Ressourcen, um die Wachstumsdynamik organisationsintern auch erfolgreich bewältigen zu können.

Dieser vorausschauende Ressourcenaufbau lässt sich unternehmerisch nur bewerkstelligen, wenn es gelingt, ehrgeizige, dezidiert miteinander vereinbarte Renditeziele zu realisieren. Auf dieser Grundlage wird es möglich, ungeachtet unvermeidbarer Schwankungen im Zeitverlauf jene Ertragskraft sicherzustellen, die für die Umsetzung der strategischen Vorhaben gebraucht wird. In Verbindung mit einer klaren Präferenz für die Thesaurierung der erwirtschafteten Erträge wird es so möglich, die Zukunft in der Regel aus eigener Kraft ohne unkalkulierbare Verschuldensrisiken zu finanzieren.

7.2 Eine professionell gepflegte Wissensinfrastruktur zur wirtschaftlichen Steuerung des Unternehmens

Diese veränderten Führungspraktiken haben zur Voraussetzung, dass sich die Verantwortlichen für ihre jeweilige Entscheidungsfindung auf eine valide Daten- und Informationsbasis stützen können. Die dafür erforderliche Infrastruktur bereitzuhalten, ist für traditionell inhabergeführte Unternehmen allerdings keine Selbstverständlichkeit. Familienunternehmen bauen üblicherweise eine besondere Aura der Exklusivität um alles, was mit der wirtschaftlichen Situation der Firma zu tun hat. Sie wissen vielfach nicht so ganz genau, wo sie ihr Geld verdienen und mit welchen Aktivitäten sie es verlieren. Diese Intransparenz ist ein durchaus nicht ungewolltes Merkmal dieser Führungskonstellation. Das radikal zu ändern, ist eine der großen Herausforderungen im Übergang zu postpatriarchalen Verhältnissen. Dazu wird im Laufe der Zeit viel in den Aufbau eines elaborierten Berichtswesens, in ein die wesentlichen Dimensionen gut abbildendes Controlling und in ein funktionstüchtiges Rechnungswesen investiert. In diesen Auf- und Ausbauprozessen muss man sich schrittweise (auch das fußt auf einem gemeinsamen Lernen) auf die wesentlichen Steuerungsgrößen des eigenen Geschäfts verständigen und zusehends Vertrauen gewinnen, dass das dazugehörige Zahlenwerk glaubwürdig generiert wird und sich dafür auf leistungsfähige IT-Systeme stützen kann. Auf diese Weise entsteht ein elaboriertes Managementinformationssystem, auf das alle Führungsverantwortlichen für ihren Entscheidungsbedarf Zugriff haben, um so eine fundierte Einschätzung ihrer jeweils aktuellen Lage gewinnen zu können. Dieser Zugriff ist unerlässlich, um ernsthaft Führungsverantwortung übernehmen zu können und an den Ergebnissen dieser Verantwortungsübernahme auch gemessen zu werden.

Die tatsächliche Wirksamkeit einer solchen relevante Steuerungsdaten generierenden Infrastruktur hängt letztlich davon ab, wie konsequent und produktiv sie im alltäglichen Entscheidungsgeschehen von den Verantwortlichen genutzt wird. Die dafür erforderliche Kultur entsteht nur, wenn das Produktivmachen dieser Infrastruktur vom TMT vorgelebt und von den unteren Ebenen eingefordert und als selbstverständlich erwartet wird.

Wenn es in dieser Führungswelt darum geht, unternehmerische Verantwortung aus Komplexitätsgründen auf mehrere Schultern zu verlagern, dann ist die einklagbare Übernahme dieser Verantwortung an die Transparenz der entscheidungsrelevanten Steuerungsgrößen gebunden. Ist diese gegeben, dann kann man erwarten, dass die Entscheidungsträger kritische Abweichungen vom vorgenommenen Weg zeitnah auf ihrem Schirm haben und eigenverantwortlich darauf reagieren. Nur mit dieser Prämisse kann die Unternehmenssteuerung in einer aufeinander abgestimmten Weise insgesamt auf Zielvereinbarungen und auf das Erreichen von Ergebnissen umgestellt werden. Es braucht dieses kulturell abgesicherte Zusammenspiel einer funktionstüchtigen Wissensinfrastruktur mit fähigen, eigenverantwortlich zupackenden, ergebnisorientierten Entscheidungsträgern, um die globale Steuerbarkeit des Unternehmens ungeachtet einer hochverteilten Intelligenz und dezentraler Verantwortungszuordnung sicherstellen zu können. Diese kollektive Fähigkeit ist das funktionale Äquivalent zum intuitiven Steuerungswissen, das sich in der Person des Inhaber-CEOs im Laufe der Zeit aufgebaut hat.

7.3 Eine wohldurchdachte Verantwortungsverteilung für die Betreuung der relevanten Außenbeziehungen

Einen ähnlich erfolgskritischen Stellenwert besitzt auch der Umbau der Betreuung der wichtigsten Stakeholderbeziehungen: zu den Schlüsselkunden, den Lieferanten, den Banken und Finanzierungspartnern, zu strategischen Kooperationspartnern wie Joint Ventures und Ähnlichem. Diese Betreuungsaktivitäten lagen früher alle ganz selbstverständlich beim geschäftsführenden Gesellschafter. Nun gilt es, die Verantwortung für diese Außenkontakte passend zu den Aufgabenschwerpunkten der Mitglieder des TMT unter diesen zu verteilen und gegebenenfalls auch auf Ebenen darunter. Mit dieser Aufsplitterung der Außenbeziehungen geht der Bedarf einher, die mit diesen Kontakten laufend gewonnenen Einblicke im TMT miteinander zu teilen, um so ein integriertes Gesamtbild zu relevanten Veränderungen in den wichtigen Umwelten des Unternehmens zu gewinnen. Diese Integration vollzog sich früher im Unternehmer selbst und stattete ihn mit jenem unternehmerischen Gespür aus, das die Treffsicherheit seiner Weichenstellungen begründete. Dieses unternehmerische Gespür für bedeutsame Entwicklungen in den Märkten, bei Kunden, bei der Rohstoffversorgung, bei den Mitbewerbern etc. und für die damit verbundenen Chancen und Bedrohungen ist nun durch einen diesbezüglichen Austausch im TMT explizit zu entwickeln. Wenn das nicht gelingt, dann geht der unternehmerische Esprit, der familiengeführte Unternehmen vielfach auszeichnet, sukzessive auf dem Weg in die postpatriarchalen Verhältnisse verloren.

Dieses Anliegen kann durch den unternehmensinternen Ausbau von spezialisierten Kompetenzen zur Markt- und Wettbewerbsbeobachtung und durch eine verstärkte Kooperation mit externen Stellen, die für diese systematische Beobachtung gezielt genutzt werden können, unterstützt werden. In diesen Kontext einer aufmerksamen Gestaltung der Kommunikationsaktivitäten nach außen fällt etwa auch eine Professionalisierung des gesamten Außenauftritts des Unternehmens und einer gezielten Markenpflege unter einer wohldurchdachten Nutzung der heute verfügbaren Kommunikationskanäle. So bleibt die Stärkung der eigenen Reputation als Unternehmen wie auch der dazugehörigen Unternehmerfamilie in allen wichtigen Außenbeziehungen als gemeinsam zu versorgendes Anliegen im Fokus der Aufmerksamkeit aller Akteure.

7.4 Eine strategisch angeleitete Innovationspraxis, die inkrementelle Erneuerungsprozesse gezielt mit auf Disruption angelegten Innovationsvorhaben verbindet

Die Erfahrung lehrt, dass traditionell inhabergeführte Unternehmen ihr Innovationsgeschehen primär darauf fokussieren, ihr bestehendes Geschäft kundenorientiert weiterzuentwickeln. In einer Welt, in der zurzeit so manche lange bewährte Geschäftsmodelle wegbrechen, neue Nachhaltigkeitslösungen gefragt sind, ganz andere Vertriebskanäle an Bedeutung gewinnen etc., braucht es zudem die Fähigkeit, über die bisherige Praxis deutlich hinausgehende Innovationen in Gang zu setzen. Es gibt inzwischen eine Vielzahl von familiengeführten Unternehmen, die sich speziell angestoßen durch das Digitalisierungsgeschehen in ihren Unternehmen dieses Innovationsvermögen erfolgreich erarbeitet haben (z. B. die Reifenhäuser Group, die Otto Group, Russmedia, die Beumer Group, die Klett Gruppe und andere). Was ist diesen Unternehmen gelungen?

Sie haben auf breiter Basis erkannt und akzeptiert, dass es neben den inkrementellen Innovationen im bestehenden Geschäft für ganz neue Wachstumsfelder grundsätzlich andere Herangehensweisen braucht, um zu geeigneten Innovationen zu kommen. Sie weisen außerdem an der Unternehmensspitze eine teamförmige Führungskonstellation auf, in der zumeist auch familienfremde Topmanager integriert sind. Den »Lead« in dieser Konstellation besitzt eine Unternehmerpersönlichkeit aus dem Eigentümerkreis, die quasi als »Process Owner« und Sponsor für die organisationale Ambidextrie fungiert (der Begriff meint eine gewisse »Beidhändigkeit« im Innovationsgeschehen; dazu ausführlicher Schumacher/Wimmer 2020). Ergänzt wird diese Führungskonstellation in der Regel um erfahrene, technikaffine Personen von außen, die in den Entscheidungsprozessen die Perspektive beidhändiger Organisationslösungen verstärken können.

Diese Führungsmannschaft stützt sich auf eine gemeinsam entwickelte Strategie, die eine sinnstiftende Begründung dafür liefert, warum das Unternehmen für seine Zukunftssicherung auf die gleichzeitige Verbesserung des bestehenden Geschäfts und auf das Erschließen ganz neuer geschäftlicher Aktivitäten durch dafür geeignete radikalere Innovationen setzt. Diese strategische Positionierung ist nicht nur ein intuitiv generiertes Geheimwissen der Führung, sondern sie wird breit im Unternehmen wie auch im Gesellschafterkreis kommuniziert und liefert eine Antwort auf die Frage, für welche existenziellen unternehmerischen Herausforderungen das Verfolgen dieser in ihrer inneren Logik so unterschiedlichen Entwicklungsstränge eine Lösung darstellt. Die Auseinandersetzung mit dieser Sinnfrage und der damit unvermeidlich verbundenen Konfliktdynamik bleibt unter diesen organisatorischen Gegebenheiten eine dauerhafte Führungsaufgabe.

Neben diesen strategischen Aspekten bindet die Frage, welche organisatorische Ausgestaltung für die ins Auge gefassten Innovationsziele letztlich geeignet ist, viel Aufmerksamkeit. Dazu zählen heikle Personal- und Ressourcenfragen, Entscheidungen zur organisatorischen und führungsmäßigen Anbindung solcher neu geschaffener Einheiten und zur räumlichen Situierung derselben. Besonders erfolgskritisch ist das Finden einer lebbaren Balance zwischen einer ausreichenden Autonomie solcher Innovationseinheiten und deren gezielter Verknüpfung mit dem bestehenden Geschäft, um wechselseitig befruchtende Lernimpulse und den Zugang zu den erforderlichen Ressourcen sicherzustellen. Dieses subtile Ausbalancieren von fester Anbindung und viel Autonomie zuzulassen, stellt hohe Anforderungen an die Arbeitsfähigkeit des Führungsteams an der Spitze, um die eingebauten kulturellen Differenzen und Zielkonflikte immer wieder von Neuem in eine für alle Beteiligten konstruktive Richtung zu lösen. In der Bewältigung dieser Konfliktdynamik liegt die zentrale Lernherausforderung an Leadership in solchen Organisationskontexten. Dafür sind allseits anerkannte Entscheidungsträger aus der Eigentümerfamilie hilfreich, die sich von ihren patriarchalen Führungsmustern gelöst haben und ein potentes Team von verantwortungsbewussten Mitspielern mit ganz unterschiedlichen Begabungen um sich haben wachsen lassen.

In der Praxis solcher Unternehmen ist außerdem durchgängig beobachtbar, dass man sich an unterschiedlichen Stellen gezielt mit externen Know-how-Trägern versorgt hat und dabei einigen Aufwand treiben muss, um diese angesichts der unvermeidlichen Abstoßungstendenzen erfolgreich an die bestehende Unternehmenswelt anzudocken.

Zusammenfassend ist festzustellen, dass familiengeführte Unternehmen für den gelungenen Aufbau einer organisationalen Ambidextrie eine Reihe ihrer tief verwurzelten Grundmuster überwinden müssen.

Diese Weiterentwicklungsschritte gelingen, wenn sie sich bei den anstehenden Veränderungen auf angestammte Stärken stützen können (eine anerkannte Unternehmerpersönlichkeit an der Spitze und deren Nähe zum operativen Geschäft, ein kluges schrittweises, auf ein pragmatisches Lernen ausgerichtetes Vorgehen in der Umsetzung, ausreichend Geduld im Wachsenlassen des Neuen, eine konsequente Orientierung am Kundenbedarf und das Wissen darum, wie man neu gefundene Businesslösungen ins Verdienen bringt, keine Spaltung in der Wertigkeit der Belegschaft und deren hohe Identifikation mit dem Gesamtwohl des Unternehmens etc.).

7.5 Eine sorgfältig konzipierte Anordnung von Regelkommunikationen, die die Abstimmungserfordernisse des operativen Geschäfts bearbeitbar machen

Wie schon mehrfach betont, trifft man in der postpatriarchalen Welt auf ein Set an fest institutionalisierten Kommunikationsroutinen, die sowohl innerhalb der verantwortlichen Führungsteams in den einzelnen Bereichen als auch für die regelmäßigen hierarchie- und bereichsübergreifenden Abstimmungs- und Koordinationsbedarfe sorgen. Für all diese gibt es Verantwortliche, die laufend darauf achten, dass diese unterschiedlichen Formen des Miteinanders ihre erwünschte Produktivität nicht verlieren. Das genaue Überlegen, welche dieser Formate in welcher Ausprägung und zeitlicher Rhythmik wirklich gebraucht werden und was erforderlich ist, um sie laufend produktiv zu halten, ist eines der zentralen Erfolgskriterien auf dem Weg in die postpatriarchale Welt. Diese Kommunikationsroutinen dienen ja dazu, unterschiedliche, vielfach gegensätzliche Perspektiven in der gemeinsamen Aufgabenerledigung bzw. Lösung von komplexeren Problemstellungen so zu harmonisieren, dass eine gut ausverhandelte Lösung gefunden werden kann. Das braucht einen konstruktiven Umgang mit Dissens, mit unterschiedlichen Standpunkten, mit gegensätzlichen Interessen. Die dafür erforderliche, konstruktive Konfliktkultur fällt nicht vom Himmel. Sie gilt es behutsam zu entwickeln. Sie hat zur Voraussetzung, dass die beteiligten Akteure sich persönlich wechselseitig wertschätzen und in ihrer professionellen Kompetenz achten. Nur dann kann der Dissens ohne Verletzungsangst ernsthaft ausgetragen und damit für die Suche nach einer für das jeweilige Ganze optimierten Lösung fruchtbar gemacht werden, ohne dass das Miteinander in persönlich entwertende Kämpfe mündet (vgl. dazu Edmondson 2021).

7.6 Eine Personalpolitik, die das Spannungsfeld zwischen einer konsequenten Orientierung an den organisationalen Erfordernissen und einer »familialen« Kultur bewusst managt

Wesentlich anders laufen in dieser neuen Führungswelt auch alle Entscheidungen, die in irgendeiner Form mit Personalthemen zu tun haben. Für das Selbstverständnis als Familienunternehmen und seine tragende Kultur sind das ganz besonders erfolgskritische Themenfelder. Die konfliktvermeidende familienähnliche Tendenz im Umgang miteinander hat es früher nicht leicht gemacht, Personalentscheidungen nüchtern aus dem Bedarf dessen, was in der Organisation gerade ansteht, herbeizuführen und offen mit den Betroffenen zu besprechen. Wenn nicht zu vermeiden, dann erfolgen solche zumeist nach oben delegierten Entscheidungen, die für einzelne Personen einen kritischen Impact besitzen, erfahrungsbasiert aus dem persönlichen Gespür heraus, auf der Grundlage des »gesunden Menschenverstandes« eingebettet in die gewachsene Kultur des Unternehmens.

In der neuen Welt werden nun in diesen Themen Entscheidungspraktiken gebraucht, die tendenziell eher das vorantreiben, was von den organisationalen Gegebenheiten in personeller Hinsicht verlangt wird. Diese Verschiebung der Gewichtung der Entscheidungskriterien ist vielfach ein heikler Balanceakt, weil früher andere Kriterien von Bedeutung waren: Einsatzfreude, Loyalität, persönliche Passung zur Kultur etc. Deshalb ist der Musterwechsel auf diesem Gebiet besonders kultursensibel, aber letztlich unvermeidlich. Gelingt der Umstieg in eine postpatriarchale Führungswelt, dann erfolgen Besetzungsentscheidungen orientiert am Anforderungsprofil der Position, die zu besetzen ist. Da wird also sorgfältig auf die diesbezügliche Eignung geachtet. Kandidaten durchlaufen durchdachte Auswahlverfahren, an denen in der Regel mehrere Personen ihre Sicht und Einschätzung einbringen. Es wird außerdem nicht mehr vorwiegend aus dem unternehmensintern vorhandenen Pool rekrutiert. In vermehrten Umfang wird extern gesucht, um mit Quereinsteigern neues Know-how und fehlende Kompetenzen gerade auch für höhere Führungspositionen zu gewinnen.

Unweigerlich handelt man sich mit diesen Quereinsteigern ein massives Integrationsproblem ein. Sie passen häufig nicht in die gewachsene Kultur, sie versuchen, ihre mitgebrachten Vorgehensweisen und Lösungswege durchzusetzen und stoßen damit zumeist auf breite Ablehnung. Die Immunabwehr des Systems und die damit verbundenen Abstoßungstendenzen können heftig und ziemlich gnadenlos ausfallen. Das Ziel einer nachhaltig erfolgreichen Integration solcher in ganz anderen Kontexten sozialisierter Know-how-Träger schafft speziell für das TMT eine ganz heikle Führungsaufgabe. Es braucht einen hohen Coachingaufwand, um mitzuhelfen, dass die Neuen ernsthaft Fuß fassen und, wenn das nicht gelingt, die Bereitschaft, sich von solchen Quereinsteigern auch wieder rechtzeitig zu trennen.

Anders ist in dieser neuen Welt auch der Umgang mit den vereinbarten Leistungserwartungen. Diesbezügliche Vereinbarungen werden präziser getroffen und wesentlich konsequenter nachgehalten. Es gibt ein dezidiertes Monitoring der individuellen Performanceentwicklung. Wenn hier wiederholt die Erwartungen enttäuscht werden, dann werden Konsequenzen gezogen. Dies muss nicht eine Trennung bedeuten. Dies kann aber eine der Konsequenzen sein. Die stärkere Professionalisierung der Personalarbeit hat aber nicht nur eine dezidierte Leistungsorientierung zur Folge. Es stehen offizielle Laufbahnkonzepte bereit, ein reichhaltiges Angebot an Personalentwicklungsmaßnahmen sorgt dafür, dass die Beschäftigten sich persönlich weiterentwickeln und ganz neue Kompetenzen erwerben können. Genauere Zielvereinbarungen in Verbindung mit variableren Vergütungssystemen legen die eigenen Verdienstmöglichkeiten ein Stück mehr in die eigene Verfügungsmacht und lösen diese aus dem elterlichen Gnadenakt der Inhaber heraus.

Insgesamt ist zu beobachten, dass der Weg in die postpatriarchale Welt damit verbunden ist, dass den HR-Themen deutlich mehr Aufmerksamkeit gewidmet wird. Man sieht die enorme strategische Bedeutung dieses Themenfeldes, man stellt sich dem verschärften Wettbewerb um gute Leute, man investiert in die eigene Reputation als Arbeitgeber und treibt einen erheblichen Aufwand in der Rekrutierung externer Know-how-Träger*innen.

Wie gesagt, alle diese Neuerungen im Umgang mit Personalfragen stehen immer unter der Beobachtung der Längergedienten, die prüfen, ob das alles noch mit dem Charakter als Familienunternehmen vereinbar ist. Diese Frage ist sehr ernst zu nehmen, was bedeutet, dass die Führungsverantwortlichen auf allen Ebenen gefordert sind, einen erheblichen Kommunikationsaufwand zu treiben, um Personalmaßnahmen gut begründet zu erklären, vor allem wenn es darum geht, Erwartungen zu enttäuschen und bei Betroffenen Akzeptanz für die Entscheidung zu gewinnen. Die Leute müssen nach wie vor die Sicherheit haben, dass sie als Personen zählen, dass sie ein hohes Maß an Fairness erwarten können und nicht ein beliebig austauschbares Rädchen im Getriebe sind. Gerade in der Personalführung zeigt sich, ob die Führungskräfte für sich verinnerlicht haben, was es heißt, in einem familiengeführten Unternehmen beschäftigt zu sein. Klar ist, dass für dieses besondere Zugehörigkeitsgefühl der Leute und für das damit verbundene Zugehörigkeitsversprechen des Unternehmens vor allem die Mitglieder der Unternehmerfamilie auch bzw. gerade in der postpatriarchalen Ära einen unverzichtbaren Beitrag zu leisten haben, ohne dabei die Errungenschaften dieser Ära zu diskreditieren und den Führungsverantwortlichen bei heiklen Entscheidungen in den Rücken zu fallen.

8 Ausblick

Haben familiengeführte Unternehmen weiterhin eine gute Zukunft? In Teilen der Forschung, aber auch in den einschlägigen Analysen von Wirtschaftsjournalisten wird diese Frage gerne verneint. Der auf lange Sicht schädliche Einfluss der Unternehmerfamilie wird hier üblicherweise als Begründung für diese pessimistische Prognose herangezogen. In der Tat, es finden sich für die Tragfähigkeit dieser These genügend Beispiele in allen Branchen und Größenklassen. Handelt es sich bei diesem Unternehmenstyp aber tatsächlich um eine insgesamt »gefährdete Spezies«? Ein Blick in die 250-jährige Geschichte kapitalistischen Wirtschaftens zeigt, dass diese Unternehmensform eine erstaunliche Vitalität und Langlebigkeit besitzt, dass sie sich über die Zeit mit dem permanenten Strukturwandel von Wirtschaft und Gesellschaft grundlegend mitverändert hat und damit ihre dominante Stellung in fast allen Weltregionen bis heute behaupten konnte (dazu vgl. Colli 2003). Angesichts dieser widersprüchlichen Befunde spricht viel dafür, einerseits die spezifische Gefährdungslage familiengeführter Unternehmen sorgfältig im Auge zu haben, aber auch die inzwischen gut untersuchte Resilienz und Widerstandskraft dieses Unternehmenstyps nicht zu unterschätzen. Wir bekommen familiengeführte Unternehmen hinsichtlich ihrer Zukunftsfähigkeit offensichtlich nicht in eine einheitliche »Schublade« eingeordnet. Zu heterogen sind ihre Erscheinungsformen. Die grundsätzliche Ambivalenz in den Einschätzungen wird wohl erhalten bleiben.

Nun bewegen wir uns gerade als gesamte Menschheit hinsichtlich der Frage einer wünschenswerten Lebensqualität auf unserem Planeten auf entscheidende Jahrzehnte zu. Der Wirtschaft und hier insbesondere den Unternehmen wird in den gesellschaftlichen Transformationsprozessen hin zu einem weltweiten Erreichen der vereinbarten Klimaziele eine absolut erfolgskritische Rolle zukommen. Werden diese Akteure es schaffen, in diesen nun in Gang kommenden Veränderungen durch ihre Innovationskraft zu einem wichtigen Teil der Lösung zu werden und dabei gleichzeitig ihre Wettbewerbsfähigkeit und Ertragskraft erhalten zu können? Das verstärkte Nutzen des Chancenpotenzials der Digitalisierung kann für das Erreichen dieser Ziele ein ganz wesentlicher Stellhebel sein. Aber auch das Ausschöpfen dieser Potenziale ist keineswegs garantiert. Dem stehen in unserem Unternehmen vielfältige Hindernisse entgegen. Insgesamt resultieren alleine aus den hier genannten Entwicklungen weitreichender Veränderungsanforderungen, die die Latte insbesondere für die große Masse der kleineren und mittelgroßen Familienunternehmen verdammt hochlegen. Ein ungeschminkter Blick auf deren historisch aufgebautes Veränderungspotenzial legt doch eine erhebliche Sorge nahe, wie sie mit den nun in Aussicht stehenden Anpassungszumutungen zurande kommen werden. Diesen kritischen Befund sollte die Politik vor Augen haben, wenn es darum geht, die wirtschaftspolitischen Rahmensetzungen zu entscheiden, die die Unternehmen jetzt zu einem proaktiven Vorantreiben der angestrebten Veränderungen stimulieren sollen. Dies gilt insbesondere für Regionen wie dem ganzen deutschsprachigen Raum, in denen die volkswirtschaftliche Bedeutung familiengeführter Unternehmen für die gesamte Wohlstandsentwicklung so extrem ausgeprägt ist (vgl. dazu die Stiftung Familienunternehmen 2019). Es braucht jetzt wohldurchdachte Rahmensetzungen, die gezielt auf die Besonderheiten des unternehmerischen Mittelstands Bedacht nehmen und dessen Stärken und spezifische Innovationspotenziale für den bevorstehenden Wandel fördern.

Die Überlegungen dieses Buches sind vor dem Hintergrund des angesprochenen globalen Kontextes darauf ausgerichtet, für die spezifischen Herausforderungen zu sensibilisieren, die mit dem Weg in postpatriarchale Führungs- und Organisationsverhältnisse verbunden sind. Es handelt sich hier um eine absolut erfolgskritische Phase im Lebenszyklus von Familienunternehmen, quasi die Königsdisziplin in der Selbsterneuerung derselben, die vor allem erfolgreichen, besonders wachstumsstarken Unternehmen irgendwann unvermeidlich ins Haus steht. Der allergrößte Teil der langlebigen Mehrgenerationen-Familienunternehmen hat diesen Schritt erfolgreich gemeistert. An ihren Entwicklungen kann man studieren, welch große Vielfalt an Lösungen denkbar ist (Näheres dazu vgl. Simon et al. 2017 und für die Familienseite dieser Unternehmen vgl. Rüsen et al. 2021). Jedes dieses Unternehmen hat für den Abschied aus der inhabergeprägten Pionierzeit der Unternehmensführung einen höchst individuellen Weg gefunden und dabei den Charakter eines Familienunternehmens bewahrt. Eine überraschend große Zahl an Unternehmen hat diesen Schritt im Moment gerade vor sich oder ist mittendrin. Ihnen ist dieses Buch gewidmet.

Literaturhinweise

von Ameln, F., Wimmer, R. (2016): Neue Arbeitswelt, Führung und organisationaler Wandel; in: Gruppe, Interaktion, Organisation, Heft 1/2016, S. 11 – 21

Amit, R., Villalonga, B. (2014): Financial performance of family firms; in: Melin, L., Nordquist, M., Sharma, P. (Hrsg.): The SAGE Handbook of Family Firms, Thousand Oaks, S. 157 – 178 (SAGE Publications)

Anderson, R.C., Reeb, D.M. (2003): Founding family ownership and firm performance: Evidence from the S&P 500; in: Journal of Finance, Vol. 58, S. 1301 – 1327

Arrègle, J.-L., Hitt, M., Sirmon, D., Very, P. (2007): The development of organzational social capital: Attributes of family firms; in: Journal of Management Studies, Vol. 44 (1), S. 73 – 95

Baecker, D. (2011): Organisation und Störung, Frankfurt am Main (Suhrkamp Verlag)

Baecker, D. (2008): Die Sache mit der Führung, Wien (Picus Verlag)

Berghoff, H., Köhler, J. (2020): Verdienst und Vermächtnis. Familienunternehmen in Deutschland und den USA seit 1800, Frankfurt am Main (Campus Verlag)

Berghoff, H. (2016): Familienunternehmen. Stärken und Schwächen einer besonderen Unternehmensverfassung; in: Bosecker, K., Kambartel, A., Roth, N., Spitz, M. (Hrsg.): Phänomen Familienunternehmen, Einblicke, Mettingen, S. 15 – 23 (Draiflessen Collection)

Berrone, P., Cruz, C., Gomez-Mejia, L.R. (2012): Socioemotional wealth in family firms: Theoretical dimensions, assessment approaches, and agenda for future research; in: Family Business Review, Vol. 25, S. 258 – 279

Berthold, F. (2010): Familienunternehmen im Spannungsfeld zwischen Wachstum und Finanzierung, Lohmar (Josef Eul Verlag)

Beumer, Ch., Schumacher, T. (2020): Die Vernetzung der Welten. Beidhändigkeit in der Führung; in: OrganisationsEntwicklung, 39. Jg., Heft 4, S. 30 – 34

Böhmer, M. (2014): Die Form(en) von Führung, Leadership und Management. Eine differenztheoretische Explizierung, Heidelberg (Carl Auer Verlag)

Le Breton-Miller, L., Miller, D. (2009): Agency vs. stewardship in public family firms: A social embeddednes reconciliation; in: Entrepreneurship Theory and Practice, Vol. 33, S. 1169 – 1191

Brückner, A.D. (2018): Führungspraxis und Zukunftsgestaltung von Familienunternehmen. Tradierte Denk- und Handlungsmuster auf dem Prüfstand, Wiesbaden (Springer Gabler Verlag)

Chandler, A.D. (1990): Scale and Scope. The Dynamics of Industrial Capitalism, Cambridge (Harvard University Press)

Chrisman, J.J., Patel, P.C. (2012): Variations in R&D investments of family and nonfamily firms: Behavioral agency and myopic loss aversion perspectives; in: Academy of Management Journal, Vol. 55 (4), S. 976 – 997

Chrisman, J.J, Chua, J.H., Litz, R.A. (2004): Comparing the agency costs of family and non-family firms: Conceptual issues and exploratory evidence; in: Entrepreneurship Theory and Practice, Vol. 28, S. 335 – 354

Chua, J.H., Chrisman, J.J., Bergiel, E.B. (2009): An agency theoretic analysis of the professionalized family firm; in: Entrepreneurship Theory and Practice, Vol. 33, S. 355 – 372

Colli, A. (2003): The History of Family Business 1850 – 2000, Cambridge (Cambridge University Press)

Davis, J.H., Allen, M.R., Hayes, H.D. (2010): Is blood thicker than water? A study of stewardship perceptions in family business; in: Entrepreneurship Theory and Practice, Vol. 34, S. 1093 – 1116

Davis, J.H., Shoorman, F.D., Donaldson, L. (1997): Toward a Stewardship Theory of Management; in: Academy of Management Review, Vol. 22, No. 1, S. 20 – 47

De Massis, A., Andretsch, D., Uhlauer, L, Kammerlander, N. (2018): Innovations with Limited Ressources: Management Lessons from the German Mittelstand; in: Journal of Product Innovation Management, Jg. 35/1, S. 125 – 146

Donaldson, L. (1990): The ethereal hand: Organizational economics and management theory; in: Academy of Management Review, Vol. 15 (3), S. 369 – 381

Duran, P., Kammerlander, N., Essen, v.M., Zellweger, Th. (2016): Doing more with less: Innovation Input and Output in Family Firms; in: Academy of Management Journal, vol 59/4, S. 1224 – 1264

Eddleston, K.A., Kellermanns, F.W., Sarathy, R. (2008): Resource configuration in family firms: Linking resources, strategic planning and technological opportunities to performance; in: Journal of Management Studies, Vol. 45 (1), S. 26 – 50

Eddleston, K.A., Kellermanns, F.W. (2007): Destructive and productive family relationships: A stewardship theory perspective; in: Journal of Business Venturing, Vol. 22, S. 545 – 565

Edmondson, A.C. (2021): Die angstfreie Organisation, München (Verlag Franz Vahlen)

Eisenhardt, K. M. (1989): Agency Theory: An Assessment and Review; in: The Academy of Management Review, Vol. 14, No. 1, S. 57 – 74

Fama, E.F., Jensen, M.: (1983): Separation of ownership and control; in: Journal of Law and Economics, Vol. 26, S. 301 – 325

Frank, H., Lueger, M., Nosé, L., Suchy, D. (2010): The concept of »familiness« – literature review and systems theory based reflections; in: Journal of Family Business Strategy, Vol. 1, S. 119 – 130

Gigerenzer, G. (2008): Bauchentscheidungen. Die Intelligenz des Unbewussten und die Macht der Intuition, München (Goldmann Verlag)

Gimeno Sandig, A. (2021): Family Business Model: A Systemic Understanding of Family Business; in: Rüsen, T.A. (Hrsg.): Theorie und Praxis der Unternehmerfamilie und des Familienunternehmens. Festschrift für Arist von Schlippe, Göttingen, S. 51 – 62 (Verlag Vandenhoeck & Ruprecht)

Glatzel, K., Lieckweg, T. (2020): Collaborative Leadership. Erfolgreiche Führung im digitalen Zeitalter mit dem 4C-Modell, Freiburg/München/Stuttgart (Haufe Group)

Gomez-Mejia, L.R., Haynes, K., Nunez-Nickel, M., Jacobson K, Moyano-Funtes, J. (2007): Socioemotional wealth and business risks in family controlled firms; in: Administrative Science Quarterly, Vol. 52 (1), S. 106 – 137

Habbershon, T.G., Williams, M.L., MacMillan, J.C. (2003): A unified systems perspective of family firm performance; in: Journal of Business Venturing, Vol. 18, S. 451–465

Habbershon, T.G., Williams, M.L. (1999): A Resource-Based Framework for Assessing the Strategic Advantages of Family Firms; in: Family Business Reviews, Vol. 12, S. 1–26

Hack, A. (2009): Sind Familienunternehmen anders? Eine kritische Bestandsaufnahme des aktuellen Forschungsstands; in: ZfB (Special Issue 2), S. 1–29

Hansen, A. (2020): Post-Merger-Integrationsprozsse bei mittelständischen Familienunternehmen – Implikationen für die tradierten personenorientierten Führungsprozesse, Dissertation Universität Witten/Herdecke

Heider, A., Gerken, M., van Dinther, N., Hülsbeck, M. (2021): Business model innovation through dynamik capabilities in small and medium entreprises – Evidence from the German Mittelstand; in: Journal of Business Research, Vol. 130, S. 635–645

James, H. (2006): Family Capitalism: Wendels, Haniels, Falcks, and the Continental European Model, Boston (Harvard University Press)

Jensen, M. (2003): A theory of the firm. Governance residual claims and organizational forms, Cambridge (Harvard University Press)

Jensen, M., Meckling, W. (1976): Theory of the Firm: Managerial Behavior, Agency Costs and Ownership Structure; in: Journal of Financial Economics, Vol. 3, S. 305–360

Kahnemann, D., Tversky, A. (1979): Prospect theory: An analysis of decision under risk; in: Econometrica, Vol. 47, S. 263–291

Kammerlander, N., Prügl, R. (2016): Innovation in Familienunternehmen, Wiesbaden (Springer Gabler)

Kieser, A. (1996): Moden und Mythen des Organisierens; in: DBW – Die Betriebswirtschaft, 56. Jg., Heft 1, S. 21–39

Klein, S. (2010): Familienunternehmen. Theoretische und empirische Grundlagen, 2. Auflage, Wiesbaden (Springer Gabler Verlag)

Kleve, H., Köllner, T. (Hrsg.) (2019): Soziologie der Unternehmerfamilie, Berlin (Springer SV)

Kormann, H., Wimmer, R. (2018): Vom Ursprung der Forschung zu Familienunternehmen; in: FuS, Jg. 5, S. 148–153

Kormann, H., (2017): Governance des Familienunternehmens, Wiesbaden (Springer Gabler)

Lehner, L. (2021): Co-Leading Sibling Teams in Family Firms, Göttingen (V&R.)

Luhmann, N. (2020): Einführung in die Systemtheorie, 8. Auflage, Heidelberg (Carl Auer Verlag) (Hrsg. Von Dirk Baecker)

Luhmann, N. (2000): Organisation und Entscheidung, Opladen (Westdeutscher Verlag)

Luhmann, N. (1997): Die Gesellschaft der Gesellschaft, 2. Bde., Frankfurt am Main (Suhrkamp Verlag)

Luhmann, N. (1990a): Sozialsystem Familie; in: ders, Soziologische Aufklärung, Bd. 5, S. 196–217

Luhmann, N. (1990b): Was tut ein Manager in einem sich selbstorganisierenden System?; in: GDI Impuls 8, S. 11–16

Madison, K., Li, Z., Holt, D.T. (2017): Agency Theory in Family Firm Research: Accomplishments and Opportunities; in: Kellermanns, F.W., Hoy, F. (Ed.): The Routledge Companion to Family Business, New York/London, S. 45 – 69 (Routledge)

Madison, K., Holt, D.T., Kellermanns, F.W., Ranft, A.L. (2016): Viewing family firm behaviour and governance through the lens of agency and stewardship theories; in: Family Business Review, Vol. 29 (1), S. 65 – 93

March, J. (1991): Exploration and exploitation in organizational learning; in: Organization Science, Vol. 2., S. 71 – 87

McGregor, D. (1960): The human side of the enterprise, New York (McGraw-Hill)

Miller, D., Le Breton-Miller, J., Scholnick, B. (2008): Stewardship versus stagnation: an empirical comparison of small family and non-family business; in: Journal of Management Studies, Vol. 45 (1), S. 51 – 78

Miller, D., Le Breton-Miller, J. (2005): Managing for the Long Run: Lessons in Competitive Advantage From Great Family Business, Boston (Harvard Business School Press)

Nagel, R. (2017): Organisationsdesign. Modelle und Methoden für Berater und Entscheider, 2. Auflage, Stuttgart (Schäffer-Poeschel Verlag)

Nagel, R., Wimmer, R. (2014): Systemische Strategieentwicklung, 6. Auflage, Stuttgart (Schäffer-Poeschel Verlag)

Neacsu, J., Martin, G., Gomez-Mejia, L.R. (2017): Socioemotional Wealth Preservation in Family Firms: A Source of Value Destruction or Value Creation?; in: Kellermanns, F.W., Hoy, F. (Hrsg.): The Routledge Companion to Family Business, New York, S. 143 – 158 (Routledge)

Odom, D.L., Chang, E.P.C., Chrisman, J.J., Sharma, P., Steier, L. (2019): The Most Influential Family Business Articles from 2006 to 2013 Using Five Theoretical Perspectives; in: Memili, E., Dibrell, C. (Hrsg.): The Palgrave Handbook of Heterogeneity among Family Firms, Cham, S. 41 – 67 (Palgrave Macmillan).

Pukall, Th., Calabro, A. (2014): The Internationalization of Family Firms: A Critical Review and Integrative Model, Jg. 27, Heft 2, S. 103 – 125

Rappaport, A. (1999): Shareholdervalue, Stuttgart (Schäffer-Poeschel Verlag)

Rau, S.B. (2014): Resource-based View of Family Firms; in: Melin, L., Nordquist, M., Sharma, P. (Hrsg.): The SAGE Handbook of Family Business, London, S. 321 – 339 (SAGE Publications)

Richter, R., Furubotn, E. (2003): Neue Institutionenökonomik. Eine Einführung und kritische Würdigung, 3. Auflage, Tübingen (Verlag Mohr Siebeck)

Rüegg-Stürm, J., Grand, S. (2020): Das St. Galler Management-Modell. Management in einer komplexen Welt, 2. Auflage, Bern (utb. Haupt Verlag)

Rüsen, T.A., Kleve, H., von Schlippe, A. (2021): Management der dynastischen Familie, Berlin (Springer Gabler)

Rüsten, T. (2008): Krisen und Krisenmanagement in Familienunternehmen, Wiesbaden (Springer Gabler)

Sassenrath, M. (2020): New Management. Erfolgsfaktoren für die digitale Transformation, 2. Auflage, Freiburg (Haufe Verlag)

Schein, E.H. (1995): Unternehmenskultur. Ein Handbuch für Führungskräfte, Frankfurt am Main (Campus)

Schein, E.H. (1986): Wie Führungskräfte Kultur prägen und vermitteln; in: GDJ-Impulse, Heft 2, S. 23 – 26

von Schlippe, A., Groth, T., Rüsen, T.A. (2017): Die beiden Seiten der Unternehmerfamilie: Auf dem Weg zu einer Theorie der Unternehmerfamilie, Göttingen (Verlag Vandenhoeck & Ruprecht)

von Schlippe, A. (2014): Das kommt in den besten Familien vor. Systemische Konfliktbearbeitung in Familien und Familienunternehmen, Stuttgart (Verlag Concadora)

von Schlippe, A. (2013): Kein »Mensch-ärgere-dich-nicht« Spiel: Ein kritischer Blick auf das »Drei-Kreise-Modell« zum Verständnis von Familienunternehmen; in: Schumacher, Th. (Hrsg.): Professionalisierung als Passion, Heidelberg, S. 143 – 164 (Carl Auer Verlag)

Schulze, B., Kellermanns, F.W. (2015): Reifying socioemotional wealth; in: Entrepreneurship Theory and Practice, Vol. 39, S. 447 – 459

Schumacher, Th., Wimmer, R. (2020): Widersprüchlichkeit gestalten. Zum Management von Kern- und Innovationsgeschäft in der ambidextren Organisation; in: OrganisationsEntwicklung, 39. Jg., Heft 4, S. 10 – 15

Sharma, P., Salvato, C., Reay, T. (2014a): Temporal Dimensions of Family Enterprise Research; in: Family Business Review, Vol. 27 (1), S. 10 – 19

Sharma, P., Melin, L., Nordquist, M. (2014b): Introduction: Scope, Evolution and Future of Family Business Studies; in: Melin, L., Nordquist, M., Sharma, P. (Hrsg.): The SAGE Handbook of Family Business, London, S. 1 – 22 (SAGE Publications)

Shukla, P.P., Corney, M., Gedajlovic, E. (2014): Economic Theories of Family Firms; in: Melin, L., Nordquist, M., Sharma, P. (Ed.): The SAGE Handbook of Family Business, London, S. 100 – 118 (SAGE Publications)

Simon, F.B., Wimmer, R., Groth, T. (2017): Mehr-Generationen-Familienunternehmen, 3. Auflage, Heidelberg (Carl Auer)

Simon, F.B. (2012): Einführung in die Theorie des Familienunternehmens, Heidelberg (Carl Auer Verlag)

Simon, H. (2012): Hidden Champions des 21. Jahrhunderts. Die Erfolgsstrategien unbekannter Weltmarkführer, 2. Auflage, Frankfurt am Main (Campus Verlag)

Sirmon, D.G., Hitt, M.A. (2003): Managing Resources. Linking unique resources, management and wealth creation in family firms; in: Entrepreneurship Theory and Practice, Vol. 27 (4), S. 339 – 358

Stiftung Familienunternehmen (2019): Die volkswirtschaftliche Bedeutung der Familienunternehmen, 5. Auflage, München (Stiftung Familienunternehmen)

Villalonga, B., Amit, R. (2006): How do family ownership, control and management affect firm value?; in: Journal of Financial Economics, Vol. 80, S. 385 – 417

Weber, F.M. (2008): Monetäre und nicht monetäre Werttreiber von Unternehmensdynastien. Dimensionen der Performance in Deutschlands Mehrgenerationen-Familienunternehmen;

in: Kollmer-von Oheimb-Loup, G., Wischemann, C. (Hrsg.): Unternehmensnachfolge in Geschichte und Gegenwart, Ostfildern, S. 153 – 163 (Jan Thorbecke Verlag)

Wimmer, R. (2021): Über das Wesen des Familienunternehmens als eigenständige Unternehmensform; in: Rüsen, T.A. (Hrsg.): Theorie und Praxis der Unternehmerfamilie und des Familienunternehmens, Göttingen, S. 235 – 251 (Verlag Vandenhoeck & Ruprecht)

Wimmer, R. (2020a): Auf neuen Pfaden. Beidhändigkeit in familiengeführten KMU; in: Organisationsentwicklung, 39. Jg., Heft 4, S. 35 – 38

Wimmer, R. (2020b): Strategieentwicklung in Familienunternehmen – Die spezifische Verantwortung von Gesellschaftern für die Zukunft ihres Unternehmens; in: Rüsen, T.A., Heider, A.K. (Hrsg.): Aktive Eigentümerschaft in Familienunternehmen – Gesellschafterkompetenz in Unternehmerfamilien entwickeln und anwenden, Berlin, S. 109 – 122 (Erich Schmidt Verlag)

Wimmer, R., Simon, F.B. (2019): Vom Familienunternehmen zur Unternehmerfamilie: Zur Erweiterung einer sozialwissenschaftlichen und systemtheoretischen Perspektive; in: Kleve, H., Köllner, T. (Hrsg.: Soziologie der Unternehmerfamilie, Berlin, S. 145 – 166 (Springer SV)

Wimmer, R., Domayer, E., Oswald, M., Vater, G. (2018): Familienunternehmen – Auslaufmodell oder Erfolgstyp?, 3. Auflage, Wiesbaden (Springer Gabler)

Wimmer, R. (2017): Führung und Changemanagement als Grundlage einer dauerhaften Wettbewerbsfähigkeit; in: Roehl, H., Asselmeyer, H. (Hrsg.): Organisationen klug gestalten, Stuttgart, S. 191 – 209 (Schäffer-Poeschel Verlag)

Wimmer, R. (2013): Die Bewältigung der Wirtschaftskrise als Führungsaufgabe. Organizational Resilience und Familienunternehmen; in: KonfliktDynamik, 2. Jg. Teil 1 in Heft 2, S. 126 – 135, Teil 2 in Heft 3, S. 222 – 232

Wimmer, R. (2012): Die neuere Systemtheorie und ihre Implikationen für das Verständnis von Organisation, Führung und Management; in: Rüegg-Stürm, J., Bieger, T. (Hrsg.): Unternehmerisches Management – Herausforderungen und Perspektiven, Bern, S. 7 – 65 (Haupt Verlag)

Wimmer, R. (2009): Führung und Organisation – zwei Seiten ein und derselben Medaille; in: Revue für postheroisches Management, Heft 4, S. 20 – 33

Wiseman, R.M., Gomez-Mejia, L.R. (1998): A Behavioral Agency Model of Managerial Risk Taking; in: the Academy of Management Review, Vol. 23 (1), S. 133 – 153

Xi, J.M., Kraus, S., Filser, M., Kellermanns, F.W. (2015): Mapping the field of family business research; past trends and future directions; in: International Entrepreneurship Management Journal, Vol. 11, S. 113 – 132

Zellweger, Th., Kammerlander, N. (2015): Family, Wealth and Governance: An Agency Account; in: Entrepreneurship Theory and Practice, Vol. 39, S. 1281 – 1303

Zum Autor

Univ. Prof. Dr. Rudolf Wimmer ist Professor für Führung und Organisation am Institut für Familienunternehmen an der Privaten Universität Witten/Herdecke und war Vizepräsident der Universität Witten/Herdecke bis 2016.

Aktuelle Forschungsschwerpunkte zu den künftigen Überlebensfragen von Familienunternehmen, insbesondere zu den speziellen Herausforderungen schnell wachsender Familienunternehmen. Zahlreiche Publikationen.

Mitgründer der osb, Gesellschaft für systemische Organisationsberatung. Partner der osb international AG. Mitglied im Aufsichtsrat diverser Familienunternehmen in Deutschland und Österreich.

osb Wien Consulting GmbH
Univ. Prof. Dr. Rudolf Wimmer
Volksgartenstraße 3 / 1. DG
1010 Wien
Österreich

PI13717020
9787983